涉核科技文献现状研究与写作指导

生态环境部核与辐射安全中心　编著

中国原子能出版社

图书在版编目（CIP）数据

涉核科技文献现状研究与写作指导 / 生态环境部核与辐射安全中心编著. --北京：中国原子能出版社，2022.12

ISBN 978-7-5221-2610-4

Ⅰ. ①涉…　Ⅱ. ①生…　Ⅲ. ①核技术–论文–写作–研究　Ⅳ. ①TL②H152.3

中国版本图书馆 CIP 数据核字（2022）第 249950 号

涉核科技文献现状研究与写作指导

出版发行　中国原子能出版社（北京市海淀区阜成路 43 号　100048）
责任编辑　徐　明
封面设计　北京华联印刷有限公司
责任校对　冯莲凤
责任印制　赵　明
印　　刷　北京九州迅驰传媒文化有限公司
经　　销　全国新华书店
开　　本　787 mm×1092 mm　1/32
印　　张　7.25
字　　数　209 千字
版　　次　2022 年 12 月第 1 版　2022 年 12 月第 1 次印刷
书　　号　ISBN 978-7-5221-2610-4　　　**定　价**　**88.00** 元

发行电话：**010-68452845**

《涉核科技文献现状研究与写作指导》编写人员

主　任

于大鹏

副主任

徐晓娟、许龙飞、梁　晔

前　言

我国是核能与核技术利用大国。多年来，我国核工业从无到有，创造了“两弹一艇”辉煌成就。我国核工业链条完整，设施门类齐全，放射源量大面广，监管任务十分繁重。近年来，我国核能与核技术利用事业快速发展，并始终保持良好的安全业绩。全国辐射环境质量总体良好，核设施和铀矿冶设施周围环境电离辐射水平、电磁辐射发射设施周围环境电磁辐射水平总体无明显变化。

本书概述了我国涉核科技文献的出版现状，分析了各主要涉核期刊的基本情况，并对涉核科技论文的选题策划、写作方法和发表平台等进行系统性介绍。

本书前言、第一章由于大鹏执笔；第二章由梁晔执笔；第三章、第四章由徐晓娟执笔；第五章至第十二章由许龙飞执笔。

目录

第一章　原子能技术类期刊评价

第一节　学术期刊评价体系

一、我国期刊分类

在出版行业中，按照出版类别可分为报纸、期刊、图书、音像制品和电子出版物等。而期刊的分类又是多种多样的。

期刊按照内容可分为：综合性期刊与专业性期刊两大类。

按照学科可分为：社科期刊、科技期刊、普及期刊三大类。

按照时间可以分为：周刊、旬刊、半月刊、月刊、双月刊、季刊、半年刊和年刊等。

按照读者对象可分为：儿童杂志、青年杂志、高校杂志、少年杂志、妇女杂志、老人杂志、工人杂志、农民杂志、干部杂志、知识分子杂志和军人杂志等。

按照文字种类可以分为：中文杂志、英文杂志、日文杂志和俄文杂志等，以及我国少数民族文字杂志。

按照发行范围可以分为：内部发行、国内公开发行和国内外公开发行等。

按照杂志的性质可以分为：学术性期刊、技术性期刊、普及性期刊、教育性期刊、情报性期刊、启蒙性期刊和娱乐性期刊等。

目前，我国期刊的种类近万种，近半数为科技期刊。科技期刊中主要按照社会科学类（即社科类）和自然科学类（即自科类）进行分类。本章我们所要探讨的原子能技术类期刊就属于自科类期刊。

二、公开发行期刊和内部刊物

目前，我国核与辐射行业圈子里，主要打交道的期刊有：国内外公开发行的期刊（正规期刊）、内部资料性出版物（俗称内部刊物、内刊），还有部分以书代刊的出版物。下面，将针对我国核与辐射行业的发文需求，简要概述这几种期刊。

（一）国内外公开发行的期刊

国内外公开发行的期刊最为常见，也是大家常说的正规出版的期刊，主要依据《出版管理条例》《期刊出版管理条例》进行办刊，拥有国际标准连续出版物编号 ISSN（International Standard Serial Number），也称国际刊号，同时也拥有中国标准连续出版物号，也称 CN 号、国内刊号。例如，《核安全》期刊的两个刊号分别为 ISSN 1672—5360、CN 11—5145/TL。其中，CN 号的后缀（如 TL）是分类号，作为国内统一刊号的补充成分，用以说明报刊的主要学科范畴，以便于分类统计、订阅、陈列和检索。一种期刊只能给一个分类号，报纸暂不加分类号。

期刊按《中国图书馆图书分类法》的基本大类给出，其中文化教育（G 类）、自然科学（O 类）和工业技术（T 类）的期刊按该分类法的二级类目给出。

国内统一刊号采用《中国图书馆图书分类法》类号，即借用《中国图书馆图书分类法》并稍加变动。

随后，期刊管理部门依据《中国图书馆图书分类法》对期刊分类制定以下分类原则：

（1）期刊分类要以期刊内容的科学属性作为主要依据，按照分类表的类目范围进行分类。

（2）期刊内容涉及并列主题的（有两三个学科内容的），分入前面的主题。例如，《科学、经济、社会》分入“G3”。

（3）期刊内容涉及交叉关系的主题，要依刊物研究的中心问题分。例如，《医学与哲学》分入“R”。

（4）期刊内容的主题如有双重属性的（可分入两个学科的），分入主要学科。例如，《白蚁科技》分入“Q”不分入“TU”，《心电学》分入“R”不分入“TM”。

例如，《核安全》国内刊号 CN 11—5145/TL 的后缀“TL”代表工业技术“T”分类下的原子能技术类“TL”。《原子能科学技术》国内刊号 CN 11—2044/TL 的后缀“TL”亦是代表原子能技术类。

此类期刊公开订阅，可以在国内外销售，也可以进行经营活动，还可以刊登广告。

由于我国对期刊审批有数量限制，近年来鲜有新刊通过审批，因此，此类期刊一般历史悠久，大多在 2000 年之前创刊。业内，大部分公开发行的期刊集中在中核集团内，其他少量分布于中科院、生态环境部核与辐射安全中心。

（二）内部资料性出版物

内部资料性出版物按照《内部资料性出版物管理办法》管理，简称内部资料，是在本行业、本系统、本单位内部，用于指导工作、交流信息的非卖性单本成册或连续性折页、散页印刷品，不包括机关公文性的简报等信息资料。一般分为一次性和连续性两种。编印此类出版物必须取得《准印证》。有部分主办单位无法取得正规刊号，只能依靠取得《准印证》印刷出版内部资料性连续出版物的形式来办刊，此类期刊不得公开销售订阅，只能在批准的发行范围内发放，不得收钱经营。此类期刊的代表为《大亚湾核电》[准印证号（粤 B）L017100003]、《核工程研究与设计》[准印证号（Z）2140-981721]。

（三）以书代刊

“以书代刊”是指用出版图书的名义来出版期刊。图书作为非连续性出版物，与作为连续性出版物的期刊相比，在审批程序、内容体裁上都有本质的不同，不属于正规做法。出现此类做法的原因主要是主办单位拿不到正规刊号，只能用书号（ISBN）代替。

（四）区别和鉴别

如作者需要用论文来评职称，就需要进一步了解这几类出版物的区别，以及如何鉴别这些出版物。

1. 区别

一般来讲，在大部分职称评定体系中，对于学术论文的要求都是刊发在正规出版的学术期刊上，也就是公开发行的期刊。少部分集团内部的职称评定体系中，在内刊上刊发文章也可作为职称评定材料。因此，作者如有职称评定的需求，需要早早地调查好自己未来要走的职称体系的相关规定，将文章发到正确的期刊上。

2. 鉴别

若想鉴别这些期刊的类别非常简单。

公开出版的期刊有双号（国际、国内刊号），一般在封面和版权页上都能找到，国内外公开发行，有定价。

内部资料性连续出版物只有准印证号，一般印在版权页上，没有定价，在明显或不明显位置印刷有“内部资料，免费交流”的字样。

以书代刊只有书号（ISBN），有定价。

三、我国核心期刊评价体系

在大部分的职称评定体系中，核心期刊和普通期刊的赋分是不一样的，本节将详细讲述核心期刊评价体系是什么，怎么判别核心期刊，以及核心期刊的动态管理等内容。

（一）什么是核心期刊评价体系

很多人都分不清 SCI、EI、CA，以及国内北大核心、中国科技核心、武大核心等。下面将简要介绍它们的不同。

一本学术期刊，如何判别它在学术影响力上的优劣？目前公认的观点是通过核心期刊评价体系的认证。即某核心期刊评价体系认定 A 刊为核心期刊，B 刊不是核心期刊，那么 A 就比 B 要优秀，在 A 刊上发表的文章就比 B 刊上发表的文章要优秀，因此，A 刊的论文在评职称时赋分就高。这就是现在“以刊选文”，再“以文评人”的现状。虽然备受诟病，但就像高考一样，是我国现阶段下相对公平的评选方式，虽然弊端很多，但是这不是本章关注的重点。由于核心期刊的评定全部依靠核心期刊评价体系，后者拥有非常大的话语权，于是我国催生了很多的核心期刊评价体系，其中有七个评价体系是目前比较公认的，权威性也比较高。它们分别是南京大学“中文社会科学引文索引（CSSCI）来源期刊”、中国人文社会科学学报学会“中国人文社科学报核心期刊”、中国社会科学院文献计量与科学评价研究中心“中国人文社会科学核心期刊”、武汉大学“RCCSE 中文学术期刊”（《中国学术期刊评价研究报告》）、北京大学图书馆“中文核心期刊”（《中文核心期刊要目总览》）、中国科学院文献情报中心“中国科学引文数据库来源期刊”、中国科学技术信息研究所“中国科技论文统计源期刊”（CSTPCD，又称“中国科技核心期刊”）。如果某期刊被以上体系认定为核心期刊，那么社会上和职称评定时就会被认定为“核心期刊”，如果被两种体系认定，那么它就是“双核心期刊”。

以上各核心期刊评价体系中，有些仅收录社科期刊，如社科院、南大核心；有些仅收录自科期刊，如CSCD、中国科技核心；有些均有收录，如北大核心和武大核心。针对核行业，应重点关注CSCD、中国科技核心、北大核心。

下面将简要介绍重点关注的这三个核心期刊评价体系。

（二）CSCD

中国科学引文数据库（Chinese Science Citation Database，CSCD）创建于1989年，由中国科学院文献情报中心负责，收录我国数学、物理、化学、天文学、地学、生物学、农林科学、医药卫生、工程技术和环境科学等领域出版的中英文科技核心期刊和优秀期刊千余种。已积累从1989年到现在的论文记录 4 818 977 条，引文记录60 854 096条。经过中国科学引文数据库定量遴选、专家定性评估，2019—2020 年度中国科学引文数据库收录来源期刊 1 229 种，其中中国出版的英文期刊228种，中文期刊1 001种。中国科学引文数据库来源期刊分为核心库和扩展库两部分，其中核心库909种（以备注栏中C为标记）；扩展库320种（以备注栏中E为标记）。

中国科学引文数据库来源期刊每两年遴选一次。每次遴选均采用定量与定性相结合的方法，定量数据来自中国科学引文数据库，定性评价则通过聘请国内专家对期刊进行定性评估。定量与定性综合评估结果构成了中国科学引文数据库来源期刊。

查询网址：http://sciencechina.cn/

（三）中国科技核心期刊

自1987年起，中国科学技术信息研究所基于中国科技论文统计与分析项目开展“中国科技论文统计源期刊（CSTPCD）”研制工作，收录中国各个学科最重要的学术类和技术类期刊上发表的论文，用于反映我国国内科技产出全貌和在学科、地区和机构等不同角度的分布状态。基于 CSTPCD 实现的中国科技核心期刊研究与评价工作具有广泛社会影响力，每年以发布会形式向社会公布中国科技论文统计结果。

此评价体系会定期发布三个重量级报告：中国科学引文索引（CSCI）、中国期刊引证报告（扩刊版）、中国高被引分析报告。

“中国科学引文索引”（CSCI）是基于期刊引用的检索评价数据库，囊括 2000 年以来我国出版的各类学术期刊约 10 000 种（其中连续收录学术期刊 6 000 余种），累计论文约 4 800 万篇，引文记录约 2.4 亿条，是目前国内最完备的中文期刊论文引文数据库。CSCI 保持每月更新，通过国家工程技术图书馆可提供文献传递服务，同时对中文学术期刊进行统计（包括期刊相关来源与引用指标数据）。

“中国期刊引证报告（扩刊版）”基本囊括了我国出版的学术技术类科学技术期刊和理论研究性社会科学期刊，是一种专门用于期刊引用分析研究的重要检索评价工具。从中可以清楚地了解期刊引用和被引用的情况，以及引用效率、引用网络和期刊自引等的统计分析，该系统为用户提供电子全文下载及指标查询等。

“中国高被引分析报告”是一份专门用于期刊引用分析研究的报告。以高被引论文为基础，按论文所属学科类别统计，从作者、机构、图书和会议等多个角度分学科进行了高被引分析，全面地展现了各个学科领域的高被引情况。按学科领域反映了高被引论文、期刊、作者、机构、图书学术会议等，并进行了高被引作者合著关系分析，直观地展现了领域内核心研究主题的分布情况，揭示了各领域高被引作者的科研合作情况，系统提供了电子全文供用户下载使用（在此为用户提供 10 页报告预览）。

查询网址：http://csci.istic.ac.cn/

（四）北大核心

《中文核心期刊要目总览》是由北京大学图书馆及北京十几所高校图书馆众多期刊工作者及相关单位专家参加的研究项目，项目研究成果以印刷型图书形式出版，此前已由北京大学出版社出了八个版次：第一版（1992 年版）、第二版（1996 年版）、第三版（2000 年版）、第四版（2004 年版）、第五版（2008 年版）、第六版（2011 年版）、第七版（2014 年版）和第八版（2017 年版）。该成果从未在网上发布，目前网上流行的各种版本的《中文核心期刊要目总览》都不是项目组发布的。《中文核心期刊要目总览》（2017 年版）已经由北京大学出版社正式出版发行，全书 2 423 千字，16 开本，精装，每册定价 500.00 元，ISBN 978-7-301-29894-7。

2020 年 12 月 21 日，官方最新消息显示，2020 版《中文核心期刊要目总览》正在研制过程中，期间不接受来访，有问题请发邮件至：hxqk@lib.pku.edu.cn（link sends e-mail）。

2020 版《中文核心期刊要目总览》现处于专家定性评审阶段。由于各种原因很多专家邮箱收不到评审通知，目前正在短信通知中，发送短信的号码为：1069 0713 6008619（移动）；1069 03319 6008619（联通）；1069 16359 60086（电信）。

四、外国核心期刊评价体系

大家所说的 SCI、EI 等，都是国外的核心期刊评价体系，至于为何在国内如此受到追捧，职称评选时赋分也比国内核心期刊要高，在此不作评论。下面将简要介绍部分常用的评价体系。

（一）SCI

SCI 全称 Science Citation Index，是美国科学信息研究所（Institute for Scientific Information，ISI）出版的一种世界著名的期刊文献检索工具，由尤金·加菲尔德（Eugene Garfield）于 1957 年在美国费城创办。其出版形式包括印刷版期刊和光盘版及联机数据库，还发行了互联网上 Web 版数据库。SCI 收录全世界出版的数、理、化、农、林、医、生命科学、天文、地理、环境、材料和工程技术等自然科学各学科的核心期刊约 3 500 种。科学引文索引以布拉德福（S. C. Bradford）文献离散律理论、加菲尔德（E. Garfield）引文分析理论为主要基础，通过对论文被引用频次等的统计，对学术期刊和科研成果进行多方位的评价研究，从而评判一个国家或地区、科研单位、个人的科研产出绩效，来反映其在国际上的学术水平。

科学引文索引以其独特的引证途径和综合全面的科学数据，通过统计大量的引文，然后得出某期刊某论文在某学科内的影响因子、被引频次和即时指数等量化指标来对期刊、论文等进行排行。被引频次高，说明该论文在它所研究的领域里产生了巨大的影响，被国际同行重视，学术水平高。由于 SCI 收录的论文主要是自然科学的基础研究领域，所以 SCI 指标主要适用于评价基础研究的成果，而基础研究的主要成果的表现形式是学术论文。所以，如何评价基础研究成果也就常常简化为如何评价论文所承载的内容对科学知识进展的影响。

科学引文索引是当今世界上最著名的检索性刊物之一，也是文献计量学和科学计量学的重要工具。通过引文检索功能可查找相关研究课题早期、当时和最近的学术文献，同时获取论文摘要；可以看到所引用参考文献的记录、被引用情况及相关文献的记录。

SCI 数据库不断发展，已经成为当代世界最为重要的大型数据库，被列在国际六大著名检索系统之首。另外，ISI 还陆续出版了《社会科学引文索引》(SSCI)和《艺术与人文引文索引》(A&HCI)。SCI 不仅是一部重要的检索工具书，也是科学研究成果评价的一项重要依据。它已成为目前国际上最具权威性的、用于基础研究和应用基础研究成果的重要评价体系。它是评价一个国家、一个科学研究机构、一所高等学校、一本期刊，乃至一个研究人员学术水平的重要指标之一。

2020 年 2 月，教育部、科技部印发了《关于规范高等学校 SCI 论文相关指标使用　树立正确评价导向的若干意见》，该文件要破除论文“SCI 至上”，也要以此为突破口，拿出针对性强、操作性强的实招硬招，破除“唯论文”，树立正确的评价导向。

（二）EI

工程索引（EI）是由美国工程师学会联合会于 1884 年创办的历史上最悠久的一种大型综合性检索工具。EI 在全球的学术界、工程界、信息界中享有盛誉，是科技界共同认可的重要检索工具。《工程索引》（The Engineering Index，EI）是供查阅工程技术领域文献的综合性情报检索刊物，1884 年创刊，年刊，1962 年增出月刊本。由美国工程信息公司编辑出版，每年摘录世界工程技术期刊约 3 000 种，还有会议文献、图书、技术报告和学位论文等，报道文摘约 15 万条，内容包括全部工程学科和工程活动领域的研究成果。出版形式有印刷本、缩微胶卷、计算机磁带和 CD-ROM 光盘。文摘按标题词字顺编排，年刊配有著者、著者工作机构和主题等三种索引，以及引用出版物目录和会议目录；月刊只配有著者和主题这两种索引。另外，还单独出版了《工程标题词表》《工程出版物目录》和多种专题文摘。主要特点是摘录质量较高，文摘直接按字顺排列，索引简便实用。

（三）CA

《化学文摘》简称 CA，是世界最大的化学文摘库，也是目前世界上应用最广泛，最为重要的化学、化工及相关学科的检索工具。CA 创刊于 1907 年，由美国化学学会化学文摘社（Chemical Abstracts Service，CAS）编辑出版。CA 报道的内容几乎涉及了化学家感兴趣的所有领域，其中除无机化学、有机化学、分析化学、物理化学、高分子化学外，还包括冶金学、地球化学、药物学、毒物学、环境化学、生物学及物理学等诸多学科领域。CA 特点为收藏信息量大、收录范围广。

第二节　期刊评价指标

每个核心期刊评价体系都有自己的评价标准、评价指标、评价方法，有些偏主观，专家打分权重大，有些偏客观，期刊客观数据权重大。其中，最重要的两个指标是总被引量和影响因子。但是，每个评价体系都有自己的统计源，因此同一本期刊在不同评级体系中的客观指标是不一样的，甚至差别很大，互相之间没有可比性。

另外，所有评价体系进行评价时都会将期刊进行分类，在分类中互相比较，选出核心期刊，如数学类、法学类、原子能技术类。这样做的目的是避免由于期刊发文范围间的不同所导致的影响因子不同。例如农业类应用广泛、研究人员多，和相对小众的原子能技术类的期刊相比，在引用上有着先天的优势，若不实行分类评选，必然会导致部分行业连一本核心期刊都没有。因此，不同类别的期刊间的影响因子、总被引等客观数据缺乏可比性。

综上，只有同一评价体系下的同类期刊间的客观数据是具有比较意义的。

下面将简要介绍几个评价指标及其计算方法和解释。

一、总被引频次

指该期刊自创刊以来所登载的全部论文在统计当年被引用的次数。这是一个非常客观实际的评价指标，可以显示该期刊被使用和受重视的程度，以及在科学交流中的作用和地位。

二、影响因子

这是一个国际上通行的期刊评价指标，是尤金·加菲尔德于 1972 年提出的。由于它是一个相对统计量，所以可公平地评价和处理各类期刊。通常，期刊影响因子越大，它的学术影响力和作用也越大。具体算法为：

$$影响因子=\frac{该刊前两年发表论文在统计当年被引的总次数}{该刊前两年发表论文总数}$$

三、即年指标

这是一个表征期刊即时反应速率的指标，主要描述期刊当年发表的论文在当年被引用的情况。具体算法为：

$$即年指标=\frac{该刊当年发表论文的被引次数}{该刊当年发表论文总数}$$

四、他引率

指该刊全部被引次数中，被其他刊引用次数所占的比例。具体算法为：

$$他引率=\frac{被其他刊引用的次数}{期刊被引用的总次数}$$

五、引用刊数

引用被评价期刊的期刊数，反应被评价期刊被使用的范围。

六、扩散因子

这是一个用于评估期刊影响力的学术指标，显示总被引频次扩散的范围。具体意义为该期刊当年每被引100次所涉及的刊种数。

$$扩散因子=\frac{总被引频次涉及的期刊数\times 100}{总被引频次}$$

七、学科扩散指标

指在统计源期刊范围内，引用该刊的期刊数量与其所在学科全部期刊数量之比。

$$学科扩散指标=\frac{引用刊数}{所在学科期刊数}$$

八、学科影响指标

指期刊所在学科内，引用该刊的期刊数占全部期刊数量的比例。

$$学科影响指标=\frac{所在学科内引用被评价期刊的数量}{所在学科期刊数}$$

九、被引半衰期

指该期刊在统计当年被引用的全部次数中，较新一半是在多长一段时间内发表的。现举例说明其计算方法（以2001年《核化学与放射化学》为例），数据见表1-1。

表1-1　2001年《核化学与放射化学》被引用数据

出版年	2001	2000	1999	1998	1997	1996	…	全部
2001年被引用次数	4	12	10	10	6	7		86
累计百分比/%	4.65	18.6	30.2	41.9	48.8	57		
年数	1	2	3	4	5	6		

$$被引半衰期=5（累计百分比接近50\%年数）+\frac{50-48.8}{57-48.8}=5.14$$

注：被引半衰期是测度期刊老化速度的一种指标，通常不是针对个别文献或某一组文献，而是对某一学科或专业领域的文献的总和而言。

十、来源文献量

指来源期刊在统计当年发表的全部论文数，它们是统计期刊引用数据的来源。

十一、文献选出率

按统计源的选取原则选出的文献数与期刊的发表文献数之比。

十二、平均引文数

指来源期刊每一篇论文平均引用的参考文献数。

十三、平均作者数

指来源期刊每一篇论文平均拥有的作者数，是衡量该期刊科学生产能力的一个指标。

十四、地区分布数

指来源期刊登载论文所涉及的地区数，按全国三十个省市计。这是衡量期刊论文覆盖面和全国影响力大小的一个指标。

十五、机构分布数

指来源期刊论文的作者所涉及的机构数，这是衡量期刊科学生产能力的另一个指标。

十六、海外论文比

指来源期刊中，海外作者发表论文占全部论文的比例。这是衡量期刊国际交流程度的一个指标。

十七、基金论文比

指来源期刊中，各类基金资助的论文占全部论文的比例。这是衡量期刊论文学术质量的重要指标。

十八、引用半衰期

指该期刊引用的全部参考文献中，较新一半是在多长一段时间内发表的。通过这个指标可以反应出作者利用文献的新颖程度。

第三节　原子能技术类期刊学术影响力

原子能技术类的期刊在每个评价体系中都不尽相同，例如中国期刊引证报告（扩刊版）2018 年统计的原子能技术类期刊共计十六种，分别为：《原子能科学技术》《核动力工程》《铀矿地质》《核技术》《核电子学与探测技术》《核科学与工程》《辐射防护》《世界核地质科学》《铀矿冶》《辐射研究与辐射工艺学报》《核安全》《核技术（英文版）》《辐射防护通讯》《核化学与放射化学》《同位素》《核聚变与等离子体物理》。而北大核心 2017 版原子能技术类期刊共计二十六种，分别为：《辐射防护》《辐射防护通讯》《辐射研究与辐射工艺学报》《国外核新闻》《核安全》《核标准计量与质量》《核电》《核电子学与探测技术》《核动力工程》《核工程研究与设计》《核化学与放射化学》《核技术》《核聚变与等离子体物理》《核科技进展》《核科技信息》《核科学与工程》《核农学报》《强激光与粒子束》《同位素》《铀矿冶》《原子核物理评论》《原子能科学技术》《中国核电》《中国核工业》《中国核科技报告》。

下面，以中国期刊引证报告（扩刊版）为基础，公布原子能技术类期刊的历年统计数据，如表 1-2～表 1-11 所示。

表 1-2　原子能技术类期刊客观数据统计表（2018 年）

期刊名	总被引频次	影响因子	即年指标	他引率	扩散因子	被引半衰期	来源文献量	平均引文数	引用半衰期
原子能科学技术	1 585	0.327	0.046	0.81	—	5.9	345	14.4	10.4
核动力工程	1 273	0.307	0.004	0.9	—	8.2	237	6.9	9.9
铀矿地质	1 208	0.607	0.182	0.86	—	11.1	55	12.2	11.9
核技术	864	0.482	0.058	0.79	—	6.6	167	16.2	8.1
核电子学与探测技术	789	0.157	0.006	0.86	—	6.8	173	8.1	8.8
核科学与工程	636	0.344	0.039	0.88	—	9	148	10.4	10
辐射防护	519	0.372	0.115	0.87	—	9.8	78	12.8	8.7
世界核地质科学	311	0.351	0.057	0.88	—	8.5	35	13.9	11.6
铀矿冶	292	0.375	0.086	0.7	—	8.7	58	9.8	9.3
辐射研究与辐射工艺学报	278	0.642	0.096	0.82	—	5.1	52	21	7.1
核安全	277	0.371	0.066	0.68	—	5.8	91	14	8.5
核技术（英文版）	273	0.361	0.043	0.63	—	3.1	186	29.5	9.3
辐射防护通讯	264	0.438	0.043	0.94	—	9.3	46	9.9	7.7
核化学与放射化学	258	0.317	0.018	0.81	—	7	55	22.9	8.8
同位素	210	0.424	0.13	0.84	—	7.1	54	19.9	9.2
核聚变与等离子体物理	183	0.283	0.027	0.6	—	6.9	74	11.8	9

表 1-3　原子能技术类期刊客观数据统计表（2017 年）

期刊名	总被引频次	影响因子	即年指标	他引率	扩散因子	被引半衰期	来源文献量	平均引文数	引用半衰期
原子能科学技术	1 586	0.34	0.041	0.82	25	5.89	370	13.2	10.48
核动力工程	1 370	0.35	0.035	0.89	25.6	7.48	230	6.5	10.47
铀矿地质	1 141	1.045	0.05	0.92	15.1	10.92	60	10.4	11.47
核电子学与探测技术	839	0.196	0.013	0.81	32.1	6.79	236	8.6	8.53
核技术	774	0.432	0.06	0.78	38.2	6.41	166	14.2	8.05
核科学与工程	629	0.542	0.05	0.88	27.2	6.95	160	8.2	10.18
辐射防护	545	0.496	0.086	0.88	33.6	10.82	81	13.1	8.77

续表

期刊名	总被引频次	影响因子	即年指标	他引率	扩散因子	被引半衰期	来源文献量	平均引文数	引用半衰期
世界核地质科学	337	0.333	0.026	0.94	36.2	8.09	39	8.6	9.83
核化学与放射化学	299	0.427	0.03	0.76	36.1	7.04	67	21.3	9.33
辐射研究与辐射工艺学报	287	0.465	0.135	0.89	53.7	5.92	52	23.8	6.09
铀矿冶	275	0.297	0.071	0.73	33.5	10.13	56	10.1	8.42
同位素	185	0.267	0	0.83	62.7	7.25	43	19.8	8.75
核技术（英文版）	175	0.265	0.043	0.73	34.3	3.19	188	28.1	8.45
核聚变与等离子体物理	158	0.117	0.037	0.64	32.3	7.78	81	11.7	8.87

表 1-4　原子能技术类期刊客观数据统计表（2016 年）

期刊名	总被引频次	影响因子	即年指标	他引率	扩散因子	被引半衰期	来源文献量	平均引文数	引用半衰期
原子能科学技术	1 432	0.417	0.038	0.83	30.03	5.52	371	12.2	10
核动力工程	1 256	0.317	0.043	0.88	30.97	7.86	235	6.1	9.3
铀矿地质	1 126	0.809	0.14	0.92	13.5	11.21	57	12.53	10.65
核电子学与探测技术	949	0.255	0.02	0.77	32.24	6.53	293	8.35	8.06
核技术	793	0.424	0.09	0.8	41.87	6.69	166	14.6	7.4
核科学与工程	683	0.769	0.049	0.88	28.4	6.95	142	10.5	9.5
辐射防护	537	0.485	0.047	0.9	33.52	9.32	64	14.5	9.5
铀矿冶	331	0.407	0.036	0.78	37.76	9.09	56	7.6	8
世界核地质科学	315	0.566	0.053	0.95	36.19	7.4	38	12.53	10.71
核化学与放射化学	303	0.389	0.034	0.88	40.92	6.57	59	18.2	10.9
辐射研究与辐射工艺学报	296	0.555	0.204	0.86	52.03	5.53	54	25.7	7.7
核安全	280	0.378	0.032	0.72	38.93	4.46	62	14.79	6.66
辐射防护通讯	278	0.299	0.058	0.94	49.64	7.94	52	11.46	8.78
同位素	194	0.282	0.024	0.85	60.82	6.2	42	15.7	8.6
核技术（英文版）	175	0.328	0.033	0.93	34.29	3.42	150	26.9	9.15
核聚变与等离子体物理	148	0.094	0.047	0.72	41.89	7.79	65	11.4	10.5

表 1-5 原子能技术类期刊客观数据统计表（2015 年）

期刊名	总被引频次	影响因子	即年指标	他引率	扩散因子	被引半衰期	来源文献量	平均引文数	引用半衰期
原子能科学技术	1 456	0.372	0.059	0.8	28.37	5.6	376	8	—
核动力工程	1 246	0.3	0.02	0.89	29.05	7.4	256	3	—
核电子学与探测技术	897	0.215	0.024	0.8	30.55	5.9	294	8.1	8.4
铀矿地质	845	0.714	0.073	0.8	17.51	9.7	55	11.1	9.3
核技术	751	0.299	0.09	0.81	39.28	8.1	188	9.4	7.4
核科学与工程	708	0.586	0.085	0.88	26.84	9.7	118	6	9.5
辐射防护	529	0.4	0.092	0.87	31.95	8.7	65	5.3	9.5
核安全	320	0.755	0.082	0.55	28.13	4.3	61	15.9	6.6
辐射防护通讯	312	0.135	0.069	0.93	40.38	9	58	11.3	—
辐射研究与辐射工艺学报	308	0.527	0.083	0.88	52.27	6.3	60	19.2	6.9
铀矿冶	297	0.369	0.097	0.78	43.1	8.1	62	3.7	9.5
核化学与放射化学	294	0.347	0.056	0.74	37.07	7.6	72	25.2	8.1
核技术（英文版）	278	0.667	0.096	0.68	23.74	2.9	136	23.9	8.7
世界核地质科学	240	0.463	0	0.96	46.25	6	40	10.6	—
同位素	214	0.405	0.045	0.91	58.41	5.8	44	9.3	—
核聚变与等离子体物理	166	0.302	0.016	0.77	36.14	6.2	65	8.3	8.9
中国核工业	139	0.078	0.016	1	53.24	4.9	128	0	0
核标准计量与质量	62	0.111	0.045	0.9	61.29	5.8	44	3.3	8.8

表 1-6 原子能技术类期刊客观数据统计表（2014 年）

期刊名	总被引频次	影响因子	即年指标	他引率	扩散因子	被引半衰期	来源文献量	平均引文数	引用半衰期
原子能科学技术	1 157	0.377	0.051	0.75	27.23	4.99	565	9.85	9.84
核动力工程	1 000	0.273	0.02	0.91	31.4	7.33	247	4.66	10.14
核电子学与探测技术	879	0.192	0.009	0.75	30.94	5.96	342	7.96	8.12
铀矿地质	715	0.553	—	0.91	20.7	10.06	55	10.75	12.13

续表

期刊名	总被引频次	影响因子	即年指标	他引率	扩散因子	被引半衰期	来源文献量	平均引文数	引用半衰期
核技术	636	0.264	0.056	0.87	44.18	7.14	179	12.58	8.74
核科学与工程	536	0.368	0.067	0.86	31.9	8.86	89	9.4	10.38
辐射防护	490	0.425	0.032	0.89	34.69	9.2	63	10.32	9.05
核安全	312	0.842	0.06	0.44	27.88	4.08	67	15.85	6.72
核化学与放射化学	293	0.54	0.017	0.8	35.15	7.21	59	17.29	10.16
铀矿冶	286	0.411	0.018	0.83	38.81	7.65	56	5.79	9.09
辐射研究与辐射工艺学报	279	0.456	—	0.9	54.84	6.5	59	20.41	7
辐射防护通讯	233	0.18	0.033	0.93	46.78	7.82	60	8.92	9.56
世界核地质科学	186	0.412	0.047	0.94	47.85	6.58	43	10.3	10.98
同位素	183	0.352	0.05	0.84	61.75	6.79	40	16.5	8.71
核聚变与等离子体物理	158	0.219	—	0.77	40.51	6.39	64	11.48	9.39
核技术（英文版）	143	0.322	0.113	0.73	32.87	3.32	97	18.52	9.34
中国核工业	128	0.057	0.032	1	52.34	6.58	156	—	—
核标准计量与质量	42	0.143	0.03	0.81	52.38	4.33	33	4.33	8.5

表 1-7　原子能技术类期刊客观数据统计表（2013 年）

期刊名	总被引频次	影响因子	即年指标	他引率	扩散因子	被引半衰期	来源文献量	平均引文数	引用半衰期
原子能科学技术	1 103	0.426	0.079	0.76	28.02	4.97	443	9.6	9.24
核动力工程	947	0.407	0.03	0.89	29.57	6.64	235	4.93	9.67
核电子学与探测技术	838	0.237	0.005	0.76	34.73	5.41	365	7.77	9.1
核技术	692	0.276	0.031	0.88	43.64	6.77	229	10.09	8.45
铀矿地质	636	0.524	0.123	0.86	24.53	9.34	57	9.77	11.64
核科学与工程	497	0.366	0.083	0.86	27.56	9.57	72	10.36	8.69
辐射防护	478	0.402	0.029	0.94	35.36	10.13	69	10.3	9.6
辐射研究与辐射工艺学报	298	0.303	0.045	0.89	57.72	6.79	67	16.45	6.31

续表

期刊名	总被引频次	影响因子	即年指标	他引率	扩散因子	被引半衰期	来源文献量	平均引文数	引用半衰期
铀矿冶	277	0.272	0.036	0.84	39.35	8.03	55	4.98	8.14
辐射防护通讯	272	0.225	0.02	0.92	44.85	7.84	49	11.27	7.59
核化学与放射化学	265	0.336	0.143	0.75	39.62	7.35	63	15.14	9.07
同位素	213	0.364	0.047	0.81	50.7	7.66	43	15.98	8.04
核聚变与等离子体物理	197	0.316	0.048	0.75	31.47	5.09	62	11.6	8.08
世界核地质科学	156	0.286	0.051	0.93	57.05	7.27	39	8.23	8.98
核技术（英文版）	147	0.365	0.105	0.59	28.57	3.95	95	21.06	8.74
核安全	138	0.44	0.042	0.7	46.38	3.9	71	8.69	6.39
中国核工业	109	0.067	0.013	1	66.97	5.29	149	—	—
核标准计量与质量	39	0.104	0.024	1	71.8	5.25	41	2.15	9.17

表 1-8　原子能技术类期刊客观数据统计表（2012 年）

期刊名	总被引频次	影响因子	即年指标	他引率	扩散因子	被引半衰期	来源文献量	平均引文数	引用半衰期
原子能科学技术	967	0.327	0.08	0.76	28.44	4.83	286	9.65	8.97
核动力工程	820	0.305	0.043	0.89	28.29	6.64	185	6.31	9.9
核技术	694	0.252	0.037	0.87	42.94	7.01	192	11.94	7.79
核电子学与探测技术	685	0.209	0.014	0.75	31.24	5.09	348	7.14	8.77
铀矿地质	519	0.491	0.094	0.86	21.97	9.24	64	7.41	9.2
辐射防护	434	0.331	0.108	0.91	35.71	9.18	62	11.79	9.22
核科学与工程	360	0.294	0.031	0.84	38.33	8.1	64	10	8.84
辐射研究与辐射工艺学报	315	0.324	0.029	0.9	53.65	6.89	69	17.19	6.99
核化学与放射化学	237	0.271	0.032	0.76	40.93	7.13	62	19.05	9.31
铀矿冶	214	0.235	0.038	0.79	38.79	9.5	51	5.55	10.14
辐射防护通讯	209	0.239	—	0.91	48.33	8.04	60	9.02	9.59
核聚变与等离子体物理	180	0.285	0.015	0.73	34.44	5	66	12.17	8.54
同位素	179	0.384	0.067	0.88	58.66	6.32	45	13.13	8.37

续表

期刊名	总被引频次	影响因子	即年指标	他引率	扩散因子	被引半衰期	来源文献量	平均引文数	引用半衰期
世界核地质科学	142	0.298	—	0.86	50	6.13	41	8.95	9.89
核技术（英文版）	91	0.204	0.051	0.68	40.66	3.96	79	15.46	7.72
核安全	66	0.131	—	0.8	57.58	5.26	69	7	8.93
核标准计量与质量	17	0.029	—	0.94	70.59	7.83	34	2.29	8

表 1-9　原子能技术类期刊客观数据统计表（2011 年）

期刊名	总被引频次	影响因子	即年指标	他引率	扩散因子	被引半衰期	来源文献量	平均引文数	引用半衰期
原子能科学技术	725	0.392	0.058	0.84	32.28	4.54	291	9.01	9.25
核技术	667	0.282	0.025	0.86	44.83	6.41	200	12.29	7.76
核电子学与探测技术	577	0.188	0.009	0.77	35.7	4.99	339	6.71	8.07
核动力工程	550	0.276	0.017	0.87	38	6.34	175	5.58	9.01
铀矿地质	481	0.564	0.103	0.83	24.95	8.62	58	10.72	10.88
辐射防护	405	0.364	0.094	0.87	38.27	7.84	64	10.52	8.67
辐射研究与辐射工艺学报	307	0.416	0.027	0.91	58.96	5.9	73	15.73	6.88
核科学与工程	300	0.408	0.153	0.72	33.33	6.16	59	10.92	7
核化学与放射化学	266	0.504	0.062	0.83	36.84	6.63	65	11.42	9.56
辐射防护通讯	214	0.318	—	0.93	49.07	7.34	57	7.12	8.95
同位素	202	0.408	0.093	0.78	51.98	5.79	43	17.56	7.14
核聚变与等离子体物理	191	0.342	0.015	0.74	35.08	4.72	67	11.34	8.74
铀矿冶	181	0.291	0.02	0.83	43.65	7	51	4.71	7.21
世界核地质科学	114	0.179	—	0.89	58.77	6.44	42	10.48	8.22
核技术（英文版）	84	0.119	0.043	0.83	52.38	4.56	69	17.65	7.33
核安全	81	0.154	0.036	0.95	50.62	4.7	55	3.02	9.63
核标准计量与质量	18	0.078	0.029	0.89	77.78	4.2	34	3.12	10

表 1-10　原子能技术类期刊客观数据统计表（2010 年）

期刊名	总被引频次	影响因子	即年指标	他引率	扩散因子	被引半衰期	来源文献量	平均引文数	引用半衰期
核技术	760	0.441	0.034	0.89	38.55	5.85	205	10.33	7.79
原子能科学技术	658	0.467	0.061	0.74	27.51	5.74	296	9.59	8.92
核电子学与探测技术	599	0.209	0.013	0.72	33.89	5	391	6.99	7.87
核动力工程	556	0.422	0.098	0.82	35.61	5.62	184	6.05	8.72
铀矿地质	432	0.303	0.069	0.83	22.69	7.64	58	11.26	8.88
辐射防护	389	0.599	0.015	0.94	37.53	8.22	66	9.74	7.71
辐射研究与辐射工艺学报	322	0.68	0.04	0.9	57.76	5.55	75	14.07	7.08
核科学与工程	290	0.286	0.033	0.8	35.86	6.46	60	9.98	6.63
核化学与放射化学	239	0.551	0.087	0.78	39.75	6.39	69	12.8	9.44
铀矿冶	200	0.4	0.118	0.77	44	7.64	51	6.06	8.11
辐射防护通讯	196	0.376	0.089	0.9	43.88	6.92	56	9.96	8.93
同位素	179	0.438	0.06	0.9	54.19	5.42	50	12.06	7.61
核聚变与等离子体物理	177	0.431	0.052	0.72	40.68	4.16	77	10.18	8.76
世界核地质科学	90	0.241	—	0.9	58.89	4.67	43	9.47	8.79
核技术（英文版）	63	0.254	0.038	0.75	57.14	3.3	78	15.64	8.17
核安全	46	0.182	0.023	0.85	60.87	4.56	44	6.5	8.94
核标准计量与质量	28	0.137	—	1	71.43	3.71	36	3.08	12.1

表 1-11　原子能技术类期刊客观数据统计表（2009 年）

期刊名	总被引频次	影响因子	即年指标	他引率	扩散因子	被引半衰期	来源文献量	平均引文数	引用半衰期
核技术	704	0.339	0.039	0.85	—	5.4	207	10.33	8.09
核电子学与探测技术	527	0.229	0.016	0.71	—	4.42	369	6.35	8.08
原子能科学技术	476	0.246	0.052	0.72	—	5.75	232	8.61	8.5
铀矿地质	368	0.378	0.119	0.75	—	7	59	10.32	9.31
核动力工程	367	0.239	0.06	0.83	—	5.52	167	6.22	8.36

续表

期刊名	总被引频次	影响因子	即年指标	他引率	扩散因子	被引半衰期	来源文献量	平均引文数	引用半衰期
辐射研究与辐射工艺学报	341	0.358	0.054	0.91	—	5.46	74	14.58	6.83
辐射防护	273	0.441	0.054	0.89	—	7.24	74	10.05	8.83
核科学与工程	253	0.417	0.133	0.8	—	5.95	60	11.03	7.33
核化学与放射化学	229	0.463	0.043	0.63	—	6.38	47	12.04	9.29
铀矿冶	166	0.25	0.038	0.73	—	6.88	52	7.13	7.85
同位素	160	0.363	0	0.76	—	5.37	48	15.38	7.8
辐射防护通讯	137	0.22	0.019	0.94	—	7.32	53	15.66	6.21
核聚变与等离子体物理	127	0.291	0.027	0.61	—	3.88	75	9	8.47
世界核地质科学	84	0.296	0.024	0.89	—	4.21	41	8.73	9.5
中国核工业	55	0.065	0	1	—	3.25	114	0	—1
核标准计量与质量	31	0.222	0	0.97	—	2.96	36	1.53	11.25
核技术（英文版）	6	0.007	0	1	—	7	73	15.63	8.64

第四节　原子能技术类各刊介绍

在北大核心（2017 版）的统计源期刊中，有二十六种原子能技术类期刊，其中包含公开发行的正规期刊，也包含内部资料性连续出版物（内刊）。在 CSCI 数据库（2018 版）中，包含十六种原子能技术类期刊，其中仅包含公开发行的正规期刊。此节将从原子能技术类期刊中遴选部分期刊，结合历年客观数据分析，简要介绍该刊情况（见表 1-12），希望可以为待投稿作者提供参考意见。

表 1-12　《中文核心期刊要目总览》2017 版原子能技术类统计源期刊统计表

刊名	编辑部所在地	主办单位
辐射防护	太原	中国辐射防护学会
辐射防护通讯	太原	中国辐射防护研究院

续表

刊名	编辑部所在地	主办单位
辐射研究与辐射工艺学报	上海	中国科学院上海应用物理研究所
国外核新闻	北京	中国核科技信息与经济研究院
核安全	北京	生态环境部核与辐射安全中心
核标准计量与质量	北京	核工业标准化研究所
核电	苏州	苏州热工研究院
核电子学与探测技术	北京	中核（北京）核仪器厂
核动力工程	成都	中国核动力研究设计院
核工程研究与设计	北京	中核集团中国核电工程有限公司
核化学与放射化学	北京	中国核学会核化学与放射化学分会
核技术	上海	中国科学院上海应用物理研究所、中国核学会
核聚变与等离子体物理	成都	核工业西南物理研究所
核科技进展	兰州	中核 404 有限公司科学技术委员会、中核 404 有限公司总工程师办公室
核科技信息	北京	中国原子能科学研究院
核科学与工程	北京	中国核学会
核农学报	北京	中国原子能农学会、中国农业科学院农产品加工研究所
强激光与粒子束	绵阳	中国工程物理研究院、中国核学会
同位素	北京	中国核学会同位素分会
铀矿冶	北京	中国核学会铀矿冶分会
原子核物理评论	兰州	中国科学院近代物理研究所、中国核物理学会
原子能科学技术	北京	中国原子能科学研究院
中国核电	北京	中国原子能出版社
中国核工业	北京	中国核工业报社
中国核科技报告	北京	中国核科技信息与经济研究院

一、原子能科学技术

《原子能科学技术》，月刊，由中国原子能科学研究院主办，

1959 年创刊，国内外公开发行，全国性学术与技术兼顾的原子能类核心期刊，先后被 EI Compendex 数据库、美国化学文摘 CA、日本《科学技术文献速报》、中国科学引文数据库、《中国学术期刊（光盘版）》《方正 Apabi 电子期刊》《中文科技期刊数据库》《CEPS 中文电子期刊服务》《书生数字期刊》等收录，并已入网“万方数据——数字化期刊群”。本刊主要收登核科学技术方面具有创造性的科技成果，旨在促进核科学与技术方面的交流、核技术与其他科学技术间的交叉渗透，推动核科技在国民经济方面的应用。栏目设置为“物理”“化学”“反应堆工程”“技术及应用”。历年被引指标和历年来源指标如表 1-13 至表 1-14 所示。

期刊订阅：此刊从 2008 年起改为月刊，国内外公开发行。国际标准连续出版物号：ISSN 1000-6931；国内统一连续出版物号：CN 11-2044/TL。每期定价 40 元，全年 480 元。国内可在各地邮局订购，国内邮政发行号：82-161；国外可在中国国际图书贸易总公司订购，国外发行号：BM 4130。

通讯地址：北京 275 信箱 65 分箱《原子能科学技术》编辑部

邮编：102413

E-mail：yznkxjs7285@163.com

快递：北京市房山区新镇中国原子能科学研究院

网站：http://www.aest.org.cn/

表 1-13　《原子能科学技术》历年被引指标表

出版年	总被引频次	影响因子	即年指标	他引率	引用刊数	扩散因子	学科影响指标	学科扩散指标	被引半衰期
2018	1 585	0.327	0.046	0.81	404	—	0.8	26.9	5.9
2017	1 586	0.34	0.041	0.82	397	25	0.85	30.54	5.89
2016	1 432	0.417	0.038	0.83	430	30.03	0.82	25.29	5.52
2015	1 456	0.372	0.059	0.8	413	28.37	0.81	25.81	5.6
2014	1 157	0.377	0.051	0.75	315	27.23	0.8	21	4.99
2013	1 103	0.426	0.079	0.76	309	28.02	0.75	19.31	4.97

续表

出版年	总被引频次	影响因子	即年指标	他引率	引用刊数	扩散因子	学科影响指标	学科扩散指标	被引半衰期
2012	967	0.327	0.08	0.76	275	28.44	0.72	15.28	4.83
2011	725	0.392	0.058	0.84	234	32.28	0.73	15.6	4.54
2010	658	0.467	0.061	0.74	181	27.51	0.86	12.93	5.74
2009	476	0.246	0.052	0.72	162	—	0.67	10.8	5.75
2008	468	0.265	0.069	0.76	159	33.97	0.69	9.94	5.73
2007	349	0.25	0.025	0.85	120	34.38	0.56	7.5	5.41
2006	319	0.336	0.042	0.86	113	35.42	0.63	5.95	4.93
2005	230	0.16	0.039	0.81	99	43.04	0.81	6.19	5.35
2004	220	0.182	0.081	—	76	—	—	—	0
2003	188	0.173	0.031	—	76	—	—	—	5.27

表 1-14 《原子能科学技术》历年来源指标表

出版年	来源文献量	文献选出率	平均引文数	平均作者数	地区分布数	机构分布数	海外论文比	基金论文比	引用半衰期
2018	345	0.95	14.4	5.5	22	80	0.01	0.54	10.4
2017	370	0.98	13.2	5.2	23	91	0.03	0.53	10.48
2016	371	0.98	12.2	5.1	22	89	0.01	0.48	10
2015	376	0.99	8	5	20	85	0.01	0.53	—
2014	565	0.99	9.85	4.65	21	128	0.01	0.42	9.84
2013	443	0.99	9.6	4.72	19	85	0.016	0.494	9.24
2012	286	0.97	9.65	4.57	19	84	0.01	0.44	8.97
2011	291	0.98	9.01	4.73	21	64	0.01	0.51	9.25
2010	296	1	9.59	5.13	19	91	—	0.551	8.92
2009	232	0.98	8.61	4.8	21	60	0.026	0.56	8.5
2008	248	0.99	7.7	4.59	22	81	0.012	0.476	8.7
2007	159	0.97	7.4	4.85	17	62	0.013	0.409	9.32
2006	165	0.96	6.32	3.72	19	43	0.012	0.412	8.81
2005	127	0.79	6.76	5.12	15	31	0.02	0.52	9.11
2004	123	—	9.26	4.6	—	—	—	0.57	8.66
2003	128	—	7.94	4.63	—	—	—	0.38	9.17

二、核动力工程

《核动力工程》（Nuclear Power Engineering）是中国核学会核能动力分会会刊，由中国核动力研究设计院主办，是我国核能动力领域的中文核心期刊，2019 年影响力指数位列国内核科学技术类第一。

《核动力工程》被 EI 工程索引（美国）（2020）、CA 化学文摘（美国）（2020）、JST 日本科学技术振兴机构数据库（日本）（2020）、Scopus（荷兰）（2020）收录，是 CSCD 中国科学引文数据库来源期刊（2019—2020 年度）（含扩展版）、中国科学引文数据库、北京大学《中文核心期刊要目总览》[1992 年（第一版），1996 年（第二版），2000 年版，2004 年版，2008 年版，2011 年版，2014 年版，2017 年版] 源期刊。

《核动力工程》主要刊登我国核能科技领域的最新研究成果及动向，综合介绍我国核能动力领域在理论研究、实验技术、工程设计、核电厂运行维护、安全防护、设备研制方面及其他与核能动力应用直接相关的最新成果和发展动态。本刊主要栏目有：反应堆物理、热工与水力、结构与力学、核燃料及反应堆结构材料、安全与控制、回路与设备、运行与维护等。

该刊曾获国防科工委优秀国防期刊二等奖、中国科协优秀学术期刊一等奖、全国优秀期刊二等奖、四川省第二届优秀期刊一等奖、第三届优秀期刊一等奖、全国优秀能源期刊二等奖、Caj-cd 规范获奖期刊和四川省高校精品科技期刊等奖项。

期刊订阅：国际标准连续出版物号：ISSN 0258-0926

国内统一连续出版物号：CN 51-1158/TL

发行范围：国内外公开发行

订购处：全国各地邮局

邮发代码：62-178

国外发行：中国国际图书贸易集团有限公司北京 399 信箱

邮编：100044

国外代码：BM4167

刊社地址：四川省成都市双流县华阳镇长顺大道 1 段 328 号

通信地址：成都 436 信箱科技信息中心期刊编辑部

邮编：610213

网站：http://jnpe.magtech.com.cn/

历年被引指标和历年来源指标如表 1-15、表 1-16 所示。

表 1-15 《核动力工程》历年被引指标表

出版年	总被引频次	影响因子	即年指标	他引率	引用刊数	扩散因子	学科影响指标	学科扩散指标	被引半衰期
2018	1 273	0.307	0.004	0.9	332	—	0.7	22.1	8.2
2017	1 370	0.35	0.035	0.89	351	25.6	0.77	27	7.48
2016	1 256	0.317	0.043	0.88	389	30.97	0.71	22.88	7.86
2015	1 246	0.3	0.02	0.89	362	29.05	0.69	22.63	7.4
2014	1 000	0.273	0.02	0.91	314	31.4	0.87	20.93	7.33
2013	947	0.407	0.03	0.89	280	29.57	0.62	17.5	6.64
2012	820	0.305	0.043	0.89	232	28.29	0.61	12.89	6.64
2011	550	0.276	0.017	0.87	209	38	0.6	13.93	6.34
2010	556	0.422	0.098	0.82	198	35.61	0.64	14.14	5.62
2009	367	0.239	0.06	0.83	157	—	0.4	10.47	5.52
2008	352	0.235	0.033	0.81	139	39.49	0.5	8.69	5.39
2007	287	0.254	0.023	0.78	102	35.54	0.5	6.38	4.84
2006	291	0.195	0.014	0.84	115	39.52	0.47	6.05	5.63
2005	226	0.19	0.078	0.67	76	33.63	0.31	4.75	4.81
2004	180	0.172	0.03	—	71	—	—	—	0
2003	179	0.175	0.014	—	56	—	—	—	0

表 1-16　《核动力工程》历年来源指标表

出版年	来源文献量	文献选出率	平均引文数	平均作者数	地区分布数	机构分布数	海外论文比	基金论文比	引用半衰期
2018	237	0.96	6.9	4.5	22	71	0.01	0.23	9.9
2017	230	0.99	6.5	4.7	18	61	0.02	0.2	10.47
2016	235	1	6.1	4.5	17	65	0.01	0.26	9.3
2015	256	0.99	3	4.2	18	66	0.01	0.21	—
2014	247	0.99	4.66	4.04	15	55	0.01	0.21	10.14
2013	235	0.99	4.93	4.19	15	55	0.009	0.234	9.67
2012	185	0.98	6.31	3.8	15	64	0.01	0.26	9.9
2011	175	0.85	5.58	3.63	16	51	0.01	0.37	9.01
2010	184	1	6.05	3.63	18	69	—	0.293	8.72
2009	167	1	6.22	3.67	17	52	0.024	0.335	8.36
2008	184	1	5.62	3.45	17	52	0.011	0.283	8.9
2007	171	0.99	6.08	3.61	19	54	0.018	0.292	8.65
2006	139	1	5.08	3.58	16	42	0.014	0.281	9.73
2005	141	1	5.58	3.61	16	44	0.01	0.39	8.44
2004	131	—	4.52	3.32	—	—	—	0.26	7.59
2003	140	—	5.14	3.48	—	—	—	0.35	9.31

三、铀矿地质

《铀矿地质》是中国核工业集团有限公司主管、中国核学会铀矿地质学会主办、核工业北京地质研究院承办的学术性刊物，也是中国核学会铀矿地质学会的会刊，创刊于 1962 年，曾用名《放射性地质》，从 1985 年起恢复原刊名《铀矿地质》，国内外公开发行。本刊旨在促进核地质科学与技术方面的交流和应用，主要登载铀矿地质领域基础理论和应用研究的最新成果和阶段性成果，以及与铀矿找矿有关的物化探、遥感和钻探等技术方法和应用。文稿形式主要有研究论文、综述、文摘简报和学术交流等。

《铀矿地质》多年来被中国科学院文献情报中心遴选为“全国中

文核心期刊”，被科技部科技信息研究所评选为“中国科技核心期刊”，先后被中国科学引文数据库和中国学术期刊综合评价数据库等多家数据库收录，并作为“中国科技论文统计源”来源期刊。自1999年起加入《中国学术期刊（光盘版）》（CAJ-CD），入编“理工A辑”，分别在中国知网（CNKI）和万方数据——数字化期刊群等多处网络系统全文上网、同步出版发行，为中国地学领域高质量科技期刊分级目录T2类（2020），被CA化学文摘（美）（2014、2020）、JST日本科学技术振兴机构数据库（日）（2018）收录，是CSCD中国科学引文数据库（2019—2020年度）（扩展版）和北京大学《中文核心期刊要目总览》[1992年（第一版）]来源期刊。

订阅：此刊为双月刊，单月10日出版。每期定价30元（含邮资），全年180元。订户请将订刊款通过银行信汇至订单中账号，注明“《铀矿地质》订刊款”。地址：北京市9818信箱期刊编辑部，邮编100029。订刊电话：010-64965399；E-mail：ykdz1962@126.com。

国际标准连续出版物号 ISSN 1000-0658

国内统一连续出版物号 CN 11-1971/TL

官网地址：http://ykdz.cbpt.cnki.net

历年被引指标和历年来源指标如表1-17、表1-18所示。

表1-17 《铀矿地质》历年被引指标表

出版年	总被引频次	影响因子	即年指标	他引率	引用刊数	扩散因子	学科影响指标	学科扩散指标	被引半衰期
2018	1 208	0.607	0.182	0.86	161	—	0.6	2.6	11.1
2017	1 141	1.045	0.05	0.92	172	15.1	0.64	2.69	10.92
2016	1 126	0.809	0.14	0.92	152	13.5	0.58	2.3	11.21
2015	845	0.714	0.073	0.8	148	17.51	0.58	2.31	9.7
2014	715	0.553	—	0.91	148	20.7	0.59	2.35	10.06
2013	636	0.524	0.123	0.86	156	24.53	0.48	2.48	9.34
2012	519	0.491	0.094	0.86	114	21.97	0.42	1.73	9.24
2011	481	0.564	0.103	0.83	120	24.95	0.42	1.85	8.62
2010	432	0.303	0.069	0.83	98	22.69	0.39	1.36	7.64

续表

出版年	总被引频次	影响因子	即年指标	他引率	引用刊数	扩散因子	学科影响指标	学科扩散指标	被引半衰期
2009	368	0.378	0.119	0.75	83	—	0.31	1.28	7
2008	329	0.47	0.082	0.79	82	24.92	0.42	1.28	6.22
2007	487	0.835	0.052	0.89	86	17.66	0.36	1.34	5.26
2006	466	0.932	0.068	0.87	76	16.31	0.37	1.07	4.38
2005	374	0.88	0.071	0.85	70	18.72	0.25	4.38	5.38
2004	177	0.448	0.032	—	65	—	—	—	5.26
2004	177	0.448	0.032	—	65	—	—	—	5.26
2003	134	0.241	0.05	—	40	—	—	—	5.86
2003	134	0.241	0.05	—	40	—	—	—	5.86

表 1-18 《铀矿地质》历年来源指标表

出版年	来源文献量	文献选出率	平均引文数	平均作者数	地区分布数	机构分布数	海外论文比	基金论文比	引用半衰期
2018	55	0.96	12.2	4.9	9	19	—	0.473	11.9
2017	60	0.91	10.4	4.6	12	21	—	0.467	11.47
2016	57	0.89	12.53	4.39	13	40	—	0.421	10.65
2015	55	0.93	11.1	4	11	21	0	0.309	9.3
2014	55	0.9	10.75	4.36	11	21	—	0.255	12.13
2013	57	0.92	9.77	4.25	11	23	—	0.14	11.64
2012	64	0.94	7.41	3.89	8	19	0	0.38	9.2
2011	58	0.92	10.72	4.03	10	20	0	0.31	10.88
2010	58	1	11.26	3.79	18	29	—	0.397	8.88
2009	59	0.95	10.32	3.81	10	16	0	0.254	9.31
2008	61	0.98	9.1	3.66	15	27	0	0.18	8.91
2007	58	0.97	7.43	3.88	11	22	0	0.241	7.47
2006	59	0.91	8.39	3.36	14	27	0	0.153	8.98
2005	56	1	7.91	3.16	13	24	0	0.21	7.43
2004	61	—	6.73	2.85	—	—	—	0.18	6.6
2004	61	—	6.73	2.85	—	—	—	0.18	6.6
2003	60	—	6.15	2.8	—	—	—	0.16	7.73
2003	60	—	6.15	2.8	—	—	—	0.16	7.73

四、核技术

《核技术》由中国科学院上海应用物理研究所和中国核学会主办。本刊创刊于 1978 年，旨在展示最新的核科学技术发展动向，及时反映我国核科学技术的现状和学术水平，并介绍国内外最新核科技成果。本刊多次入选“百杰期刊”“中国期刊方阵”。在核科学与技术类期刊中，2018 年中国科技期刊引证报告发布的影响因子和综合评分均排第三名；同年 CNKI 发布的影响因子年报中，影响力指数同类期刊第三名，在 Q1 区四个期刊中影响因子排名第一。SCOPUS 数据库“中文核科技”期刊的引用评分（CiteScore）连续四年排名第一。

2015 年荣获中国科协“精品期刊工程”项目；2016 年获“期刊数字影响力 100 强”称号；2017 年获“第 4 届中国精品科技期刊”；2017 年获上海市新闻出版专项资金资助，并多次获得上海市和中国科学院期刊审读优秀奖；2018 年 12 月获中国科协“中文科技期刊精品建设计划——学术创新引领项目”支持。

主要栏目：同步辐射技术及应用、加速器技术、射线技术及应用、核化学、放化、放药和核医学、核电子学与仪器、核物理、交叉学科研究、核能科学与工程

收录信息：美国化学文摘（CA）、日本科学技术文献速报（CBST）、英国 INSPEC 数据库、荷兰 Scopus 数据库、北京大学中文核心期刊 2014 版、“中国科技期刊统计源”核心期刊、中国科学引文数据库（CSCD）、中国知网（CNKI）、万方数据库、超星期刊域出版平台、重庆维普数据库、中国生物医学文献服务系统（SinoMed）等

期刊订阅：《核技术》（ISSN 0253-3219，CN 31-1342/TL），月刊，国内外公开发行。国内邮发代号：4-243，国外发行代号：M160。2019 年定价 50 元/册，全年刊期：12 期，全年定价 600 元。

① 各地邮局订阅：邮发代号 4-243；

② 科学出版社期刊发行部：联系电话 010-64017032 64017539；

③ 网上购买：搜淘宝店、微店店铺名称：中科期刊（订阅及销售过刊）；

或扫描下方二维码：

④ 淘宝购买链接：

https://item.taobao.com/item.htm?spm=a1z38n.10677092.0.0.11891debbpuqUj&id=559856661073

⑤ 微店购买链接：

https://weidian.com/item.html?itemID=2580584568

邮寄地址：上海市嘉定区嘉罗公路 2019 号中国科学院上海应用物理研究所《核技术》编辑部 上海市 800-204 信箱

邮政编码：201800

E-mail：LHB@sinap.ac.cn

网址：www.hjs.sinap.ac.cn

历年被引指标和历年来源指标如表 1-19 至表 1-20 所示。

表 1-19 《核技术》历年被引指标表

出版年	总被引频次	影响因子	即年指标	他引率	引用刊数	扩散因子	学科影响指标	学科扩散指标	被引半衰期
2018	864	0.482	0.058	0.79	341	—	0.8	22.7	6.6
2017	774	0.432	0.06	0.78	296	38.2	0.77	22.77	6.41
2016	793	0.424	0.09	0.8	332	41.87	0.76	19.53	6.69
2015	751	0.299	0.09	0.81	295	39.28	0.63	18.44	8.1
2014	636	0.264	0.056	0.87	281	44.18	0.73	18.73	7.14
2013	692	0.276	0.031	0.88	302	43.64	0.69	18.88	6.77
2012	694	0.252	0.037	0.87	298	42.94	0.61	16.56	7.01
2011	667	0.282	0.025	0.86	299	44.83	0.6	19.93	6.41
2010	760	0.441	0.034	0.89	293	38.55	0.79	20.93	5.85
2009	704	0.339	0.039	0.85	321	—	0.6	21.4	5.4
2008	759	0.418	0.044	0.9	319	42.03	0.75	19.94	5.49
2007	683	0.37	0.052	0.9	308	45.1	0.75	19.25	5.24
2006	556	0.307	0.048	0.88	255	45.86	0.58	13.42	4.81

续表

出版年	总被引频次	影响因子	即年指标	他引率	引用刊数	扩散因子	学科影响指标	学科扩散指标	被引半衰期
2005	538	0.23	0.059	0.89	243	45.17	0.81	15.19	5.53
2004	392	0.221	0.037	—	162	—	—	—	4.72
2003	407	0.268	0.073	—	167	—	—	—	4.27

表 1-20 《核技术》历年来源指标表

出版年	来源文献量	文献选出率	平均引文数	平均作者数	地区分布数	机构分布数	海外论文比	基金论文比	引用半衰期
2018	167	0.95	16.2	6	20	61	0	0.82	8.1
2017	166	0.9	14.2	5.7	18	59	0.01	0.79	8.05
2016	166	0.89	14.6	5.3	19	60	0.01	0.75	7.4
2015	188	0.94	9.4	5.5	21	72	0.01	0.73	7.4
2014	179	0.96	12.58	5.17	21	73	0.02	0.47	8.74
2013	229	0.98	10.09	4.59	21	80	—	0.428	8.45
2012	192	0.97	11.94	5.04	23	78	0.01	0.49	7.79
2011	200	0.97	12.29	5.18	24	90	0.02	0.56	7.76
2010	205	1	10.33	5.09	21	68	—	0.527	7.79
2009	207	0.98	10.33	5.4	21	77	0.014	0.662	8.09
2008	206	0.98	10.88	5.25	22	77	0.019	0.578	7.23
2007	230	0.98	9.53	5.17	21	86	0.026	0.574	7.44
2006	208	0.98	10.59	5	20	80	0.029	0.51	7.32
2005	219	1	8.71	5.32	22	86	0.03	0.58	8.86
2004	211	—	10.83	5.34	—	—	—	0.53	7.29
2003	219	—	8.87	4.67	—	—	—	0.5	7.76

五、核电子学与探测技术

《核电子学与探测技术》（nuclear electronics & detection technology）系中国核工业集团公司主管，由中国核工业集团公司北京核仪器厂主办，是中国核学会、中国电子学会所属核电子学与核探测技术分会会刊。本刊为专业学术性刊物，主要刊登核仪器、核电子学、核探测器与测试技术方面的研究成果和论文。读者对象主要为核电子学、核探测技术方面的研究人员及大专院校师生。此刊一直在核仪器、核电子学与核探测领域保持着较高的声誉和知名度，多年来一直被评为全国中文核心期刊。2003 年开始采用著名核科学家、“两弹一星”元勋、两院院士、原全国政协副主席朱光亚为本刊题写的刊名。

周期：月刊

出版地：北京市

语种：中文

开本：大 16 开

国际标准连续出版物号：ISSN 0258-0934

国内统一连续出版物号：CN 11-2016/TL

地址：北京经济技术开发区宏达南路 3 号

邮政编码：100176

邮箱：bianjibu261@126.com

网站：http://www.hdzxytcjs.cn/

历年被引指标和历年来源指标如表 1-21、表 1-22 所示。

表 1-21　《核电子学与探测技术》历年被引指标表

出版年	总被引频次	影响因子	即年指标	他引率	引用刊数	扩散因子	学科影响指标	学科扩散指标	被引半衰期
2018	789	0.157	0.006	0.86	287	—	0.9	19.1	6.8
2017	839	0.196	0.013	0.81	269	32.1	0.85	20.69	6.79
2016	949	0.255	0.02	0.77	306	32.24	0.76	18	6.53
2015	897	0.215	0.024	0.8	274	30.55	0.69	17.13	5.9
2014	879	0.192	0.009	0.75	272	30.94	0.67	18.13	5.96
2013	838	0.237	0.005	0.76	291	34.73	0.69	18.25	5.41
2012	685	0.209	0.014	0.75	214	31.24	0.56	11.89	5.09
2011	577	0.188	0.009	0.77	206	35.7	0.67	13.73	4.99
2010	599	0.209	0.013	0.72	203	33.89	0.64	14.5	5
2009	527	0.229	0.016	0.71	184	—	0.53	12.27	4.42
2008	450	0.217	0.025	0.74	165	36.67	0.5	10.31	4.2

续表

出版年	总被引频次	影响因子	即年指标	他引率	引用刊数	扩散因子	学科影响指标	学科扩散指标	被引半衰期
2007	450	0.25	0.04	0.71	146	32.44	0.44	9.13	4.34
2006	270	0.215	0.057	0.61	96	35.56	0.37	5.05	3.72
2005	245	0.24	0.025	0.66	91	37.14	0.44	5.69	3.67
2004	164	0.126	0.022	—	67	—	—	—	4.42
2003	145	0.132	0.024	—	44	—	—	—	3.98

表 1-22 《核电子学与探测技术》历年来源指标表

出版年	来源文献量	文献选出率	平均引文数	平均作者数	地区分布数	机构分布数	海外论文比	基金论文比	引用半衰期
2018	173	0.98	8.1	5.1	22	69	—	0.526	8.8
2017	236	1	8.6	5	24	94	—	0.631	8.53
2016	293	1	8.35	4.66	22	143	—	0.614	8.06
2015	294	1	8.1	4.6	23	102	0.007	0.571	8.4
2014	342	0.99	7.96	4.58	25	121	—	0.456	8.12
2013	365	0.99	7.77	4.18	27	139	0.003	0.356	9.1
2012	348	1	7.14	4.43	23	133	0.01	0.38	8.77
2011	339	1	6.71	4.4	21	109	0.01	0.34	8.07
2010	391	1	6.99	4.37	25	121	—	0.419	7.87
2009	369	1	6.35	4.77	24	107	0.005	0.369	8.08
2008	319	1	5.96	4.55	25	97	0.003	0.307	8.44
2007	323	0.99	5.73	4.97	22	100	0.012	0.325	7.41
2006	282	0.98	4.35	4.43	20	69	0.004	0.22	7.2
2005	237	1	5.67	4.53	17	55	0.01	0.26	7.83
2004	219	—	4.29	4.06	—	—	—	0.25	9.59
2003	165	—	3.87	3.89	—	—	—	0.27	8.49

六、核科学与工程

《核科学与工程》是由中国科学技术协会主管，中国核学会主办，中国原子能出版社承办的核领域核心期刊。被多家国际著名检索系统收录，并被列为核领域核心期刊，自1981年创刊以来，始终秉承传播核领域最新成果、促进核科学与工程研究成果交流的办刊宗旨，服务核领域内专家和科研人员。期刊连续8版入选北大核心期刊要目总览，2015年申报并成功入选中国科协精品期刊工程，2017年《核科学与工程》文章在"第二届中国科协优秀科技论文遴选计划"中被评为优秀论文，为核领域唯一入选此奖项的期刊。

期刊收录：美国《化学文摘》（CA）、日本《科技文献速报》（JICST）、国际核信息系统INIS、中国期刊网、中国科学引文数据库、中国学术期刊（光盘版）、中文科技期刊数据库、万方数据——数字化期刊群。

国际标准连续出版物号：ISSN 0258-0918

国内统一连续出版物号：CN 11-1861/TL

邮发刊号：82-603

地址：北京市海淀区阜成路43号《核科学与工程》编辑部

邮编：100048

E-mail：hkxygc_gz@vip.163.com

网址：http://nuclse.cbpt.cnki.net

历年被引指标和历年来源指标如表1-23、表1-24所示。

表1-23 《核科学与工程》历年被引指标表

出版年	总被引频次	影响因子	即年指标	他引率	引用刊数	扩散因子	学科影响指标	学科扩散指标	被引半衰期
2018	636	0.344	0.039	0.88	192	—	0.8	12.8	9
2017	629	0.542	0.05	0.88	171	27.2	0.69	13.15	6.95
2016	683	0.769	0.049	0.88	194	28.4	0.71	11.41	6.95
2015	708	0.586	0.085	0.88	190	26.84	0.69	11.88	9.7
2014	536	0.368	0.067	0.86	171	31.9	0.87	11.4	8.86
2013	497	0.366	0.083	0.86	137	27.56	0.56	8.56	9.57
2012	360	0.294	0.031	0.84	138	38.33	0.72	7.67	8.1
2011	300	0.408	0.153	0.72	100	33.33	0.6	6.67	6.16

续表

出版年	总被引频次	影响因子	即年指标	他引率	引用刊数	扩散因子	学科影响指标	学科扩散指标	被引半衰期
2010	290	0.286	0.033	0.8	104	35.86	0.71	7.43	6.46
2009	253	0.417	0.133	0.8	104	—	0.53	6.93	5.95
2008	240	0.396	0.121	0.75	94	39.17	0.69	5.88	4.96
2007	199	0.413	0.182	0.72	79	39.7	0.63	4.94	4.3
2006	230	0.533	0.162	0.75	81	35.22	0.53	4.26	5.25
2005	180	0.29	0.552	0.65	60	33.33	0.63	3.75	4.29
2004	144	0.121	0.983	—	49	—	—	—	0
2003	61	0.088	0.016	—	39	—	—	—	6.13

表 1-24 《核科学与工程》历年来源指标表

出版年	来源文献量	文献选出率	平均引文数	平均作者数	地区分布数	机构分布数	海外论文比	基金论文比	引用半衰期
2018	148	0.98	10.4	4.2	18	55	0	0.28	10
2017	160	0.96	8.2	4.3	15	47	0	0.34	10.18
2016	142	0.98	10.5	4.7	15	46	0	0.37	9.5
2015	118	0.98	6	5.4	14	44	0	0.39	9.5
2014	89	0.97	9.4	4.43	10	30	0	0.29	10.38
2013	72	0.95	10.36	4.14	11	30	0.014	0.403	8.69
2012	64	0.94	10	3.88	11	27	0.02	0.42	8.84
2011	59	0.94	10.92	5.31	11	27	0.02	0.44	7
2010	60	1	9.98	4.68	12	25	—	0.367	6.63
2009	60	0.94	11.03	4.28	9	21	0	0.367	7.33
2008	66	0.99	8.29	3.95	11	20	0.015	0.394	6.24
2007	66	0.93	8.88	4.91	13	27	0.03	0.273	6.38
2006	68	0.93	7.79	3.47	11	29	0.015	0.265	6.71
2005	58	0.95	7.05	3.46	12	21	0	0.19	5.24
2004	62	—	9.4	4.11	—	—	—	0.38	7.13
2003	62	—	6.24	2.58	—	—	—	0.08	8.07

七、辐射防护

《辐射防护》期刊是由中国辐射防护学会主办、中国辐射防护研究院承办的学术类科技期刊，主管单位为中国核工业集团有限公司，是中国辐射防护学会的会刊。主要刊登我国辐射防护领域中的科学研究工作论文报告，并及时交流国内外学术动态。刊登的主要内容包括：辐射防护的原理、概念、标准及其应用，辐射源安全与管理，核设施与核电厂运行辐射防护，辐射剂量学，辐射监测与评价，核事故应急响应与准备，辐射环境保护，放射化学，放射性废物管理、处理和处置，核设施退役与去污，辐射防护方法和器械，放射生态学，放射医学，放射生物学，放射毒理学，辐射流行病学，核技术和放射性同位素应用中的辐射防护，辐射防护培训，辐射防护管理，以及非电离辐射（如微波、电磁辐射）防护等。设置的主要栏目有：学术论文研究报告、综述、讲座、资料介绍、学术动态、书评、会议消息和会议报道等。主要读者对象为辐射防护、核技术和放射性同位素应用、环境保护、放射医学与放射生物学、放射性废物管理等领域内的科研、技术及管理人员，以及高等院校有关专业的师生。

《辐射防护》期刊为双月刊，全年 6 期，单月 20 日出版，每期 80 页，大 16 开本，彩色印刷，国内外公开发行。

《辐射防护》期刊自 1976 年开始试刊，于 1978 年正式创刊，原名《核防护》，1981 年改刊名为《辐射防护》。办刊四十年来，编辑部在主管、主办单位的领导和指导下，在中国辐射防护研究院的支持下，在几任主编的精心培育和指导下，在辐射防护领域的广大科技工作者的大力支持和帮助下，坚持办刊宗旨，注重刊物内在质量，为交流我国辐射防护领域的科技成果，促进科学技术转化为生产力，使辐射防护在核电和核工业的发展中更好地发挥保驾护航的作用，起到了积极作用，在国内外具有较大影响，在读者中享有较高声誉。《辐射防护》杂志自创刊以来多次获奖，并被列为原子能技术类中文核心期刊。

《辐射防护》期刊的编委会（第六届编委会）都是辐射防护领域

各专业的专家，其中院士六名，国际编委四名。这些编委都是多年来杂志精心组织和培养的审稿专家，他们审稿认真负责，积极推荐稿源，关心杂志的发展，对保证杂志的质量奉献了大量的时间和精力。

在编辑工作中，全面采用国家标准规定的科技期刊编排格式。在期刊编排中，编辑部严格执行国家有关法令、标准、规定，注重名词术语和计量单位的标准化、规范化使用，努力做到刊登稿件结构合理、格式正确、文字表达准确简练及标点符号使用准确。在编辑工作中，坚持办刊宗旨，选题、选稿严格遵守办刊原则。编辑在送审、退修、加工稿件时认真、负责，对责任编辑处理的每篇稿件都按要求有反映稿件各处理阶段执行情况的齐全的档案材料，终稿做到齐、清、定。经值班编辑、主任编辑审阅后，再交当期值班副主编审阅稿件，最后再由主编终审。经过这一系列层层审阅、把关，进一步减少了稿件中的差错，提高了稿件的水平和质量，保证了刊物的质量。

《辐射防护》期刊与世界上四十多个国家及地区、国际学术组织及相关机构建立了资料交换关系，并被国内外有关的检索期刊及重要科技报告所收载。与本刊有交换关系的包括美国、日本、法国、德国、英国、澳大利亚、瑞典、荷兰、加拿大、卢森堡、韩国、印度和伊朗等国家，以及 ICRP、IAEA、UNSCEAR、IRPA 等重要国际组织和学术机构，国外有关杂志等。收录本刊文摘的有 C.A.、App. Heal.Phy.和 A.S.N.等。联合国原子辐射效应科学委员会（UNSCEAR）是联合国的重要学术机构，在它向联合国提交的报告书（一般每 1～2 年出版 1 份）中将本刊作为收集数据和资料的来源之一；国际放射防护委员会（ICRP）的网站也专门介绍本刊每期所刊载的文章内容。国内有关的文摘刊物，如《全国报刊索引》（自然科学版）、《中国物理文摘》《中国无机分析化学文摘》《中国生物学文摘》《核科学文摘》等，均收录了本刊文摘。国内科技信息研究机构，如中国科技信息研究所、中国科学院科技文献中心等，在其有关科技论文及期刊的研究工作中，将本刊作为中国科技论文统计源期刊（中国科技核心期刊）或研究对象。

发行单位：山西省邮政报刊发行局

国内订购处：全国各地邮局

邮发代号：22-173

国外总发行：中国国际图书贸易总公司（北京市 399 信箱，100044）

国外发行代号：BM6639

若未及时在邮局订阅者，可直接与编辑部联系（电话：0351-2203446）

编辑部地址：山西省太原市小店区学府街 102 号

邮编：030006

电子邮箱：fushefh@sina.com

网站：http://journal01.magtech.org.cn/

历年被引指标和历年来源指标如表 1-25、表 1-26 所示。

表 1-25 《辐射防护》历年被引指标表

出版年	总被引频次	影响因子	即年指标	他引率	引用刊数	扩散因子	学科影响指标	学科扩散指标	被引半衰期
2018	519	0.372	0.115	0.87	185	—	0.8	12.3	9.8
2017	545	0.496	0.086	0.88	183	33.6	0.85	14.08	10.82
2016	537	0.485	0.047	0.9	180	33.52	0.76	10.59	9.32
2015	529	0.4	0.092	0.87	169	31.95	0.75	10.56	8.7
2014	490	0.425	0.032	0.89	170	34.69	0.87	11.33	9.2
2013	478	0.402	0.029	0.94	169	35.36	0.81	10.56	10.13
2012	434	0.331	0.108	0.91	155	35.71	0.56	8.61	9.18
2011	405	0.364	0.094	0.87	155	38.27	0.73	10.33	7.84
2010	389	0.599	0.015	0.94	146	37.53	0.79	10.43	8.22
2009	273	0.441	0.054	0.89	101	—	0.53	6.73	7.24
2008	294	0.443	0.153	0.83	105	35.71	0.56	6.56	7.15
2007	260	0.383	0.068	0.77	89	34.23	0.5	5.56	6.59
2006	251	0.473	0.089	0.86	91	36.25	0.68	4.79	5.84
2005	283	0.44	0.078	0.75	84	29.68	0.81	5.25	7.39
2004	230	0.35	0.26	—	60	—	—	—	6.14
2003	204	0.403	0.152	—	51	—	—	—	5

表 1-26 《辐射防护》历年来源指标表

出版年	来源文献量	文献选出率	平均引文数	平均作者数	地区分布数	机构分布数	海外论文比	基金论文比	引用半衰期
2018	78	0.95	12.8	5.2	16	42	0	0.27	8.7
2017	81	0.91	13.1	4.8	18	48	0	0.31	8.77
2016	64	0.93	14.5	5.3	16	34	0	0.36	9.5
2015	65	1	5.3	5.1	13	32	0	0.23	9.5
2014	63	0.89	10.32	5.14	13	27	0	0.24	9.05
2013	69	0.97	10.3	4.72	16	34	0.014	0.217	9.6
2012	62	0.93	11.79	4.97	17	38	0.02	0.44	9.22
2011	64	0.96	10.52	4.75	14	38	0.02	0.34	8.67
2010	66	0.99	9.74	4.45	18	42	—	0.424	7.71
2009	74	0.97	10.05	4.26	18	41	0.014	0.405	8.83
2008	59	0.89	13.44	3.8	16	39	0.017	0.424	7.71
2007	59	0.89	11.2	4.07	15	41	0.017	0.39	7.77
2006	56	0.78	10.86	4.34	13	31	0.036	0.286	7.88
2005	51	0.93	10.88	3.9	10	23	0.02	0.27	9.84
2004	46	—	14.21	4	—	—	—	0.08	7.67
2003	59	—	9.32	4.03	—	—	—	0.11	9.81

八、世界核地质科学

《世界核地质科学》是由中国核工业集团公司主管、核工业北京地质研究院主办的学术类期刊（双月刊，国内、外公开发行），为中国地学领域高质量科技期刊分级目录 T2 类（2020）、CA 化学文摘（美国）（2014、2020）、“中国核心期刊（遴选）数据库”“中国期刊全文数据库”“中文科技期刊数据库”收录期刊，为“中国学术期刊综合评价源数据库”统计源期刊、“中国知网”“维普网”和“万方数据知识服务平台”等全文上网期刊。

期刊创办于 1962 年，其前身为《国外铀金地质》，从 2003 年改名为《世界核地质科学》。该刊主要报道世界各国核地质科学及相关领域的最新研究成果、学科前沿和学术动态，内容涉及核地质、核燃料、铀资源、铀生产、核电、核废料、核分析和核仪器等方面，为推动我国核地质科学的发展，促进核地质科学国际间的交流，繁荣核地质科学事业服务。

期刊所设栏目有：核地质和探采矿技术、铀资源、铀需求、核废物处置、找矿新方法技术（遥感、物化探、分析测试、GIS）、核仪器、环境评价、专家论坛、国际交流与合作、学术争鸣、铀政策、新成果与应用、核技术应用与开发，以及文摘简讯等。读者对象为：核地质及其他地矿等部门的科研、生产、工程技术和管理人员，以及中、高等院校师生等。

期刊订阅：每册定价 30.00 元，全年 180.00 元，欢迎单位和个人订阅（免收邮寄费）。可全年订阅，也可单本订阅。联系地址：北京 9818 信箱《世界核地质科学》期刊编辑部；邮编：100029。订刊电话：010-64965399。邮箱：gkdz1962@126.com。银行汇款：户名：核工业北京地质研究院；开户行：中国工商银行北京惠新支行；账号：0200006319026401549。注明《世界核地质科学》订刊款。

网站：http://gwyg.cbpt.cnki.net

历年被引指标和历年来源指标如表 1-27、表 1-28 所示。

表 1-27 《世界核地质科学》历年被引指标表

出版年	总被引频次	影响因子	即年指标	他引率	引用刊数	扩散因子	学科影响指标	学科扩散指标	被引半衰期
2018	311	0.351	0.057	0.88	105	—	0.2	7	8.5
2017	337	0.333	0.026	0.94	122	36.2	0.31	9.38	8.09
2016	315	0.566	0.053	0.95	114	36.19	0.24	6.71	7.4
2015	240	0.463	0	0.96	111	46.25	0.25	6.94	6
2014	186	0.412	0.047	0.94	89	47.85	0.2	5.93	6.58
2013	156	0.286	0.051	0.93	89	57.05	0.31	5.56	7.27
2012	142	0.298	—	0.86	71	50	0.33	3.94	6.13
2011	114	0.179	—	0.89	67	58.77	0.27	4.47	6.44
2010	90	0.241	—	0.9	53	58.89	0.07	3.79	4.67
2009	84	0.296	0.024	0.89	41	—	0.07	2.73	4.21
2008	67	0.266	0.048	0.7	36	53.73	0.13	2.25	3.81
2007	60	0.226	0.026	0.82	37	61.67	0.19	2.31	4.17

续表

出版年	总被引频次	影响因子	即年指标	他引率	引用刊数	扩散因子	学科影响指标	学科扩散指标	被引半衰期
2006	45	0.23	0	0.8	21	46.67	0.11	1.11	3.63
2005	59	0.21	0	0.73	31	52.54	0.19	1.94	3.95
2004	30	0.082	0	—	15	—	—	—	8
2003	24	0.045	0	—	14	—	—	—	0

表 1-28 《世界核地质科学》历年来源指标表

出版年	来源文献量	文献选出率	平均引文数	平均作者数	地区分布数	机构分布数	海外论文比	基金论文比	引用半衰期
2018	35	0.96	13.9	4.1	10	15	—	0.486	11.6
2017	39	0.91	8.6	3.7	10	16	—	0.436	9.83
2016	38	0.9	12.53	3.82	11	25	—	0.184	10.71
2015	40	0.91	10.6	4	7	14	0	0.225	—
2014	43	0.84	10.3	3.72	10	18	—	0.14	10.98
2013	39	0.81	8.23	3.9	10	19	—	0.077	8.98
2012	41	0.98	8.95	3.2	7	10	—	0.146	9.89
2011	42	1	10.48	2.86	8	13	—	0.095	8.22
2010	43	1	9.47	3.12	11	15	—	0.233	8.79
2009	41	0.87	8.73	3.41	10	19	0	0.22	9.5
2008	42	0.81	8.07	3.36	8	12	0	0.167	6.36
2007	39	0.76	11.95	2.92	7	11	0	0.205	6.5
2006	40	0.74	7.78	2.67	9	14	0	0.125	7.85
2005	44	0.76	7.14	2.07	4	6	0.023	0.091	6.48
2004	43	—	3.83	1.67	—	—	—	0.09	5.58
2003	51	—	1.29	1.7	—	—	—	0	5.67

九、铀矿冶

《铀矿冶》创刊于 1982 年，季刊，中国核学会铀矿冶学会主办，为中国科技核心期刊和原子能技术类核心期刊。《铀矿冶》是以应用技术为主、兼顾基础理论的综合性科技刊物，主要刊登放射性金属、贵金属、稀土、稀有金属和有色金属等矿石的采矿、选矿、冶金及有关矿山地质、物理探矿、矿山测量、安全防护、分析检测、设备仪表、有机材料、环境保护、自动控制、计算机应用和技术经济分析等方面的科技成果、先进技术、综合述评、工作简报和动态等，可供从事矿冶生产、科研、设计、教学的科技、管理人员及化学、化工和地质等相关专业人员参阅。

《铀矿冶》为中国科技论文统计源和中文核心期刊，《中国期刊全文数据库》《中文科技期刊数据库》《中国核心期刊（遴选）数据库》、中国学术期刊综合评价数据库、中国学术期刊检索与评价数据库收录期刊，万方数据—数字化期刊群全文上网期刊，美国《Chemical Abstracts》来源期刊。

《铀矿冶》为大 16 开，定价 10.00 元/期，全年 40.00 元，自办发行。编辑部常年办理订刊业务，欢迎订阅。

通信地址：北京市通州区九棵树 145 号《铀矿冶》编辑部 吕志新 收，邮编 101149

开户银行：工行北京九棵树支行

开户名：核工业北京化工冶金研究院

账号：0200049809008800221（请注明汇款用途）

电子信箱：youkuangye@126.com

网站：https://ykyi.cbpt.cnki.net/

历年被引指标和历年来源指标如表 1-29、表 1-30 所示。

表 1-29 《铀矿冶》历年被引指标表

出版年	总被引频次	影响因子	即年指标	他引率	引用刊数	扩散因子	学科影响指标	学科扩散指标	被引半衰期
2018	292	0.375	0.086	0.7	112	—	0.3	2.8	8.7
2017	275	0.297	0.071	0.73	92	33.5	0.27	2.49	10.13
2016	331	0.407	0.036	0.78	125	37.76	0.28	3.13	9.09
2015	297	0.369	0.097	0.78	128	43.1	0.25	3.2	8.1
2014	286	0.411	0.018	0.83	111	38.81	0.22	2.78	7.65
2013	277	0.272	0.036	0.84	109	39.35	0.25	1.6	8.03

续表

出版年	总被引频次	影响因子	即年指标	他引率	引用刊数	扩散因子	学科影响指标	学科扩散指标	被引半衰期
2012	214	0.235	0.038	0.79	83	38.79	0.15	1.17	9.5
2011	181	0.291	0.02	0.83	79	43.65	0.19	1.16	7
2010	200	0.4	0.118	0.77	88	44	0.19	1.38	7.64
2009	166	0.25	0.038	0.73	75	—	0.18	1.14	6.88
2008	152	0.293	0.021	0.72	64	42.11	0.11	0.98	6.42
2007	167	0.306	0.025	0.63	69	41.32	0.17	1.08	5.79
2006	124	0.446	0.024	0.79	55	44.35	0.05	2.89	4.67
2005	75	0.2	0.07	0.71	38	50.67	0.19	2.38	5.46
2004	68	0.241	0	—	36	—	—	—	4.75
2003	78	0.126	0	—	37	—	—	—	0

表 1-30 《铀矿冶》历年来源指标表

出版年	来源文献量	文献选出率	平均引文数	平均作者数	地区分布数	机构分布数	海外论文比	基金论文比	引用半衰期
2018	58	0.95	9.8	4.6	11	18	0	0.16	9.3
2017	56	0.98	10.1	4.3	7	11	0	0.07	8.42
2016	56	1	7.6	4.6	9	17	0	0.13	8
2015	62	0.97	3.7	4.6	9	18	0	0.1	9.5
2014	56	0.97	5.79	4.41	7	17	0	0.09	9.09
2013	55	0.98	4.98	3.82	9	14	—	0.127	8.14
2012	51	0.91	5.55	4.02	9	23	0	0.08	10.14
2011	51	0.93	4.71	3.33	12	22	0	0.14	7.21
2010	51	1	6.06	3.1	10	18	—	0.235	8.11
2009	52	0.88	7.13	3.33	12	21	0	0.327	7.85
2008	48	1	9.19	3.23	15	24	0.021	0.188	7.5
2007	40	0.83	9.13	3.17	10	15	0	0.275	6.47
2006	42	0.79	5.81	3.19	9	12	0.024	0.119	7.38
2005	43	1	5.02	3.16	11	16	0	0.07	99.99
2004	43	—	2.88	3.18	—	—	—	0.02	10.67
2003	42	—	2.8	3	—	—	—	0.02	9.8

十、核标准计量与质量

《核标准计量与质量》杂志是由中国核工业集团公司主管、核工业标准化研究所主办的综合性技术期刊，是一家拥有国家新闻出版署颁发 CN 号、公开发行的正式出版物。期刊被多家大型图书馆收录。1987 年创刊迄今，《核标准计量与质量》始终遵循着办刊宗旨，对促进行业的发展、推动核标准计量与质量工作起到了重要作用。杂志曾获国防科工委优秀期刊三等奖，受到读者的欢迎。《核标准计量与质量》是发布国防科工委相关政策及中国核工业集团公司指定的唯一公布新颁、修订、废止核行业标准和企业标准备案目录的刊物。

《核标准计量与质量》为计量专业刊物。它围绕核工业的振兴与发展，积极宣传国家和核工业的标准、计量、质量工作方针政策，及其在生产实践中的重要地位和作用，使更多的人认识技术基础工作在核工业中的重要地位，从而推动核标准的落实，计量、质量工作的开展。荣获国防科技优秀期刊三等奖。

历年被引指标和历年来源指标如表 1-31、表 1-32 所示。

表 1-31　《核标准计量与质量》历年被引指标表

出版年	总被引频次	影响因子	即年指标	他引率	引用刊数	扩散因子	学科影响指标	学科扩散指标	被引半衰期
2015	62	0.111	0.045	0.9	38	61.29	0.03	0.44	5.8
2014	42	0.143	0.03	0.81	22	52.38	0.03	0.31	4.33
2013	39	0.104	0.024	1	28	71.8	0.01	0.35	5.25
2012	17	0.029	—	0.94	12	70.59	0.01	0.15	7.83
2011	18	0.078	0.029	0.89	14	77.78	0.01	0.2	4.2
2010	28	0.137	—	1	20	71.43	0.02	0.34	3.71
2009	31	0.222	0	0.97	12	—	0.02	0.18	2.96
2008	16	0.029	0	0.81	11	68.75	0.03	0.17	5
2007	10	0.059	0.026	0.6	7	70	0.02	0.11	3
2006	5	0	0	1	4	80	0	0.05	3.83
2005	7	—	0	0.29	3	42.86	0.01	0.04	13.5

表 1-32 《核标准计量与质量》历年来源指标表

出版年	来源文献量	文献选出率	平均引文数	平均作者数	地区分布数	机构分布数	海外论文比	基金论文比	引用半衰期
2015	44	0.94	3.3	2.9	12	24	0	0	8.8
2014	33	0.7	4.33	2.73	10	17	—	0.03	8.5
2013	41	0.87	2.15	2.41	11	22	—	0.024	9.17
2012	34	1	2.29	2.18	10	18	—	—	8
2011	34	1	3.12	1.85	6	17	—	—	10
2010	36	1	3.08	2.22	8	19	—	—	12.1
2009	36	0.65	1.53	1.61	2	20	0	0	11.25
2008	33	0.7	2.55	1.64	6	17	0	0	20
2007	39	0.64	1.28	1.15	5	22	0	0	14
2006	30	0.65	1	1.53	6	18	0	0	18.5
2005	38	0.68	0.63	1.26	8	25	0	0	4.6

十一、中国核工业

《中国核工业》杂志是中国核行业国内外公开发行的大型综合类月刊，创刊于 1989 年，由中国核工业集团有限公司主管，中核（北京）传媒文化有限公司出版发行。

作为核行业唯一公开发行的综合类月刊，《中国核工业》杂志一直以“记录历程，引领发展”为己任，不懈努力，不断创新。“本期关注”“高端访谈”“对话”“月度聚焦”“行业观察”“图片报道”“文化”等精品栏目，凸显思辩性和可读性，是读者把握全球核行业最新发展动态、关注国家最新行业决策动向的首选杂志。

《中国核工业》杂志为大 16 开本 56 页，铜版纸全彩印刷，当月月底出版，自办发行。2020 年订刊费全年 180 元/份。挂号费全年 36 元/地址。《中国核工业》全年杂志合订本（含邮资）400 元/本。

银行汇款请汇：工商银行北京礼士路支行

账号：0200003609014455086

户名：中核（北京）传媒文化有限公司

电子邮箱：hgybs@cnnc.com.cn

历年被引指标和历年来源指标如表 1-33 至表 1-34 所示。

表 1-33 《中国核工业》历年被引指标表

出版年	总被引频次	影响因子	即年指标	他引率	引用刊数	扩散因子	学科影响指标	学科扩散指标	被引半衰期
2015	139	0.078	0.016	1	74	53.24	0.19	4.63	4.9
2014	128	0.057	0.032	1	67	52.34	0.27	4.47	6.58
2013	109	0.067	0.013	1	73	66.97	0.25	4.56	5.29
2009	55	0.065	0	1	42	—	0.2	2.8	3.25
2008	39	0.117	0.014	0.95	30	76.92	0.19	1.88	2.03
2007	16	0.06	0.018	1	14	87.5	0.13	0.88	1.56
2006	9	0.01	0.031	1	8	88.89	0.05	0.42	1.5

表 1-34 《中国核工业》历年来源指标表

出版年	来源文献量	文献选出率	平均引文数	平均作者数	地区分布数	机构分布数	海外论文比	基金论文比	引用半衰期
2015	128	0.45	0	1.2	16	69	0.016	0	0
2014	156	0.5	—	1.19	15	72	0.013	—	—
2013	149	0.48	—	1.28	15	69	—	—	—
2009	114	0.46	0	1.09	5	52	0	0	−1
2008	219	0.7	0.58	1.21	7	67	0	0	11.5
2007	168	0.57	0	1.07	9	45	0	0	−1
2006	98	0.35	0	1.15	13	54	0	0.01	−1

十二、辐射研究与辐射工艺学报

《辐射研究与辐射工艺学报》创刊于 1983 年，为我国辐射科技领域的同行评议学术期刊。

期刊基本信息如表 1-35 所示。

表 1-35 《辐射研究与辐射工艺学报》基本信息

期刊名称	辐射研究与辐射工艺学报
英文名称	Journal of Radiation Research and Radiation Processing
国内统一连续出版物号（CN）	31-1258/TL
国际标准连续出版物号（ISSN）	1000-3436
期刊类别/出版语言/发行	学术类/中文＋英文摘要/公开发行
刊期/页码/幅面尺寸	双月/64-80/大 16 开
出版时间	双月 20 日
地址/邮编	上海市 800-204 信箱/201800
主管单位	中国科学院
主办单位	中国科学院上海应用物理研究所
协办单位	中国核学会辐射研究及其应用分会、上海市核学会
出版单位	科学出版社
主编	吴国忠
编委会	第七届，42 位编委，6 位顾问

《辐射研究与辐射工艺学报》为中国科技核心期刊，被多家检索机构和数据库收录，发表的论文被美国化学文摘（CA）、国际原子能机构数据中心（INIS）、日本科学技术文献速报（CBST）、中国科学引文数据库（CSCD）、中国知网、万方数据、维普网、中国生物医学文献服务系统（SinoMed）、超星域出版和 2019 新增的中国学术期刊文摘数据库收录。

20 世纪 80 年代初，辐射科学技术在美、欧、日本已有可观进展，高分子材料辐射改性、生命体辐射损伤与修复等研究领域尤为活跃，同时，以食品辐照、医用产品灭菌和辐射改性高分子材料为主的辐射加工业也发展迅速。为联合我国辐射物理、辐射化学、辐照工艺、辐射生物学与辐射医学等领域的广大科研人员，加强辐射科技的基础和应用研究，并促进其产业化，我国辐射科技界的一批前辈科学家在 1983 年 10 月创办了学术期刊《辐射研究与辐射工艺学报》。当时，本刊系中国核学会辐射研究与辐射工艺分会（现为辐射研究与应用分会）会刊，为季刊。后来，根据国家有关规定转为上海应用物理研究所所主办，该分会和上海市核学会协办，2004 年起为双月刊。

林念芸任第一届主编，其后是盛康龙、姚思德、李景烨研究员，目前为吴国忠研究员。

大事记：

1983 年创刊；1992—2007 年被 Ei 数据库 Page One 收录；2004 年改季刊为双月刊；2009 年上海市"迎世博 600 天行动"的期刊编校质量检查中取得了优秀的成绩；2014—2018 年连续 5 年获得 CJCR 分类影响因子和综合评分排名第一；2017 年获得"百种中国杰出学术期刊"荣誉，同年入选第四届"中国精品科技期刊"，即领跑者 5 000 项目；2018 年再次获得"百种中国杰出学术期刊"荣誉。

期刊订阅：可通过当地邮局或到中科期刊网店购买。

国内邮发代号：4-403

国外发行代号：Q5195

定价：40.00 元/本

中科期刊网店：

通信地址：上海市嘉定区嘉罗公路 2019 号中国科学院上海应用物理研究所《辐射研究与辐射工艺学报》编辑部

邮政信箱：上海市 800-204 信箱

邮政编码：201800

网站：http://www.fs.sinap.ac.cn/

历年被引指标和历年来源指标如表 1-36 至表 1-37 所示。

表 1-36 《辐射研究与辐射工艺学报》历年被引指标表

出版年	总被引频次	影响因子	即年指标	他引率	引用刊数	扩散因子	学科影响指标	学科扩散指标	被引半衰期
2018	278	0.642	0.096	0.82	140	—	0.3	9.3	5.1
2017	287	0.465	0.135	0.89	154	53.7	0.54	11.85	5.92
2016	296	0.555	0.204	0.86	154	52.03	0.41	9.06	5.53
2015	308	0.527	0.083	0.88	161	52.27	0.44	10.06	6.3
2014	279	0.456	—	0.9	153	54.84	0.4	10.2	6.5
2013	298	0.303	0.045	0.89	172	57.72	0.31	10.75	6.79
2012	315	0.324	0.029	0.9	169	53.65	0.39	9.39	6.89
2011	307	0.416	0.027	0.91	181	58.96	0.4	12.07	5.9
2010	322	0.68	0.04	0.9	186	57.76	0.5	13.29	5.55
2009	341	0.358	0.054	0.91	177	—	0.53	11.8	5.46
2008	296	0.379	0.013	0.87	152	51.35	0.31	9.5	4.89
2007	290	0.4	0.025	0.84	160	55.17	0.38	10	4.89
2006	255	0.433	0.062	0.87	137	53.73	0.37	7.21	4.97
2005	236	0.31	0.067	0.83	118	50	0.38	7.38	6.26
2004	185	0.353	0.134	—	82	—	—	—	4.83
2003	171	0.41	0.049	—	77	—	—	—	5.05

表 1-37 《辐射研究与辐射工艺学报》历年来源指标表

出版年	来源文献量	文献选出率	平均引文数	平均作者数	地区分布数	机构分布数	海外论文比	基金论文比	引用半衰期
2018	52	1	21	5.8	16	35	0.02	0.87	7.1
2017	52	0.93	23.8	5.2	16	42	0	0.75	6.09
2016	54	0.92	25.7	5.1	12	32	0	0.78	7.7
2015	60	0.94	19.2	5.6	18	44	0	0.62	6.9
2014	59	0.95	20.41	5.31	15	47	0	0.61	7

续表

出版年	来源文献量	文献选出率	平均引文数	平均作者数	地区分布数	机构分布数	海外论文比	基金论文比	引用半衰期
2013	67	0.93	16.45	5.88	16	38	—	0.731	6.31
2012	69	0.96	17.19	4.97	17	46	0	0.77	6.99
2011	73	0.96	15.73	5.11	15	36	0	0.79	6.88
2010	75	1	14.07	4.88	17	45	—	0.813	7.08
2009	74	0.95	14.58	4.82	16	42	0	0.797	6.83
2008	79	1	12.35	5.03	16	40	0.025	0.709	6.74
2007	80	0.96	13.41	4.7	18	46	0.013	0.813	6.68
2006	81	0.99	12.52	4.95	18	39	0.062	0.704	6.21
2005	119	1	8.04	4.73	19	45	0.08	0.63	7.36
2004	82	—	11.78	5.03	—	—	—	0.76	7.03
2003	61	—	13.77	4.4	—	—	—	0.7	8.68

十三、核安全

《核安全》杂志由生态环境部主管，生态环境部核与辐射安全中心主办，双月刊，国内外公开发行。是我国生态环境系统唯一涉核学术期刊，也是我国核与辐射安全监管系统唯一的学术期刊。于2017年被国家新闻出版广电总局认定为A类学术期刊。《核安全》作为核安全政策宣传阵地、技术交流平台和对外宣传窗口，以宣传和阐述我国核安全方针、政策、法规和标准，交流核安全管理经验，倡导和培育核安全文化，普及核安全知识为基本定位，使命光荣，责任重大。

办刊宗旨：宣传和阐述我国核安全方针、政策、法规和标准，研讨核安全技术和管理问题，总结和交流核安全方面的研究成果和管理经验，普及核安全知识，介绍和报道国内外涉及核安全方面的信息与动态，促进我国核能、核技术应用事业的发展。

主要发行范围：核安全监督管理部门工作人员，核安全和辐射安全监督管理专业技术人员，民用核设施设计、建造和营运单位的人员，核技术应用单位的工作人员，有关核科学技术的科研人员，以及有关高等院校的师生。

主要栏目：特别报道、本刊专稿、监督管理、政策法规、安全审评、辐射安全、核电厂实践、国际瞭望，以及研究与探讨等。

期刊订阅：《核安全》定价 80 元/期，480 元/年，全年开放征订。

通讯地址：北京市房山区长阳镇国家核与辐射安全监管技术研发基地（知兴东路 9 号）南塔 8 楼 10806

邮箱：heanquanzazhi@263.net.cn

网站：http://haqy.cbpt.cnki.net/

历年被引指标和历年来源指标如表 1-38 至表 1-39 所示。

表 1-38 《核安全》历年被引指标表

出版年	总被引频次	影响因子	即年指标	他引率	引用刊数	扩散因子	学科影响指标	学科扩散指标	被引半衰期
2018	277	0.371	0.066	0.68	106	—	0.7	7.1	5.8
2016	280	0.378	0.032	0.72	109	38.93	0.53	6.41	4.46
2015	320	0.755	0.082	0.55	90	28.13	0.75	5.63	4.3
2014	312	0.842	0.06	0.44	87	27.88	0.4	5.8	4.08
2013	138	0.44	0.042	0.7	64	46.38	0.5	4	3.9
2012	66	0.131	—	0.8	38	57.58	0.33	2.11	5.26
2011	81	0.154	0.036	0.95	41	50.62	0.47	2.73	4.7
2010	46	0.182	0.023	0.85	28	60.87	0.5	2	4.56
2008	12	—	0	0.83	10	83.33	0.19	0.63	4.67
2007	8	0.087	0	1	6	75	0.19	0.38	3

表 1-39 《核安全》历年来源指标表

出版年	来源文献量	文献选出率	平均引文数	平均作者数	地区分布数	机构分布数	海外论文比	基金论文比	引用半衰期
2018	91	0.98	14	4.1	14	41	—	0.231	8.5
2016	62	0.98	14.79	4.27	9	30	—	0.79	6.66

续表

出版年	来源文献量	文献选出率	平均引文数	平均作者数	地区分布数	机构分布数	海外论文比	基金论文比	引用半衰期
2015	61	1	15.9	4.3	12	23	0	0.836	6.6
2014	67	0.99	15.85	3.73	12	29	—	0.119	6.72
2013	71	0.96	8.69	4.37	12	25	—	0.127	6.39
2012	69	1	7	3.01	10	24	—	0.029	8.93
2011	55	1	3.02	2.42	7	16	—	—	9.63
2010	44	1	6.5	2.41	8	21	—	—	8.94
2008	42	0.95	6.21	2.45	7	13	0	0	7.5
2007	40	0.83	6.35	2.15	5	13	0	0	11

十四、辐射防护通讯

《辐射防护通讯》是由中国辐射防护研究院主管、主办的学术类科技期刊。关于辐射防护研究的动态性期刊。《辐射防护通讯》1981年创刊，当时为内部资料，1991年获得正式批号，成为正式发行的出版物。

办刊宗旨：主要报道国内外辐射防护及相关学科的研究进展与动态，介绍有关辐射防护的科学知识，交流辐射防护工作经验，传递有关的信息。

《辐射防护通讯》全面采用国家标准规定的科技期刊编排格式。在期刊编排中，编辑部严格执行国家有关法令、标准、规定以及原子能出版社的有关规定，注重名词术语和计量单位的标准化、规范化使用，努力做到刊登稿件结构合理、格式正确、文字表达准确简练及标点符号使用准确。在编辑工作中，坚持办刊宗旨，选题、选稿严格遵守办刊原则。

报道内容为：辐射防护技术、辐射防护评价、辐射防护工作管理、核安全、辐射剂量学、辐射防护监测、辐射环境保护、辐射防护标准、放射性废物治理、放射卫生学、放射毒理学、放射生态学和放射医学等多种学科。

主要栏目包括：专题报告、进展与评述、特约通讯、综述、论坛、管理与决策、研究通报、经验交流、讲座、考察报告、书评、机构介绍、新产品新技术、简讯、文摘与题录，以及读者 •作者 •编者等。

1981—1994 年，第一、二届编委会主编秦苏云，研究员，原中国辐射防护研究院常务副院长。

1995—2003 年，第三届主编陈明峻，研究员，原中国辐射防护研究院副院长。

2004—2016 年，第四届主编常学奇，研究员，原中国辐射防护研究院副院长、院长。

2017—2023 年，第五届主编刘群，中国辐射防护研究院党委书记。

刊期：双月刊

主管：中国辐射防护研究院

主办：中国辐射防护研究院

编辑：《辐射防护通讯》编辑部

主编：刘群

主任：朱久法

ISSN：1004-6356

CN：14-1114/TL

期刊订阅：国内外公开发行，自办发行，可以如下方式订阅：

（1）直接与编辑部联系（0351-2203447）。

地址：山西省太原市学府街 102 号

银行汇款：中国辐射护学会

开户行：交通银行太原高新技术开发区支行

账号：141000684018170265064

（2）全国非邮发报刊联合征订网。

通信地址：天津市卫津南路李七庄邮局 9801 信箱，邮编：300381

办公地址：天津市大寺泉集北里别墅 17 号，邮编：300385

网址：www.lhzd.com

Email：wms@lhzd.com

QQ：1797284535

历年被引指标和历年来源指标如表 1-40 至表 1-41 所示。

表 1-40　《辐射防护通讯》历年被引指标表

出版年	总被引频次	影响因子	即年指标	他引率	引用刊数	扩散因子	学科影响指标	学科扩散指标	被引半衰期
2018	264	0.438	0.043	0.94	117	—	0.8	7.8	9.3
2016	278	0.299	0.058	0.94	138	49.64	0.71	8.12	7.94
2015	312	0.135	0.069	0.93	126	40.38	0.63	7.88	9
2014	233	0.18	0.033	0.93	109	46.78	0.67	7.27	7.82
2013	272	0.225	0.02	0.92	122	44.85	0.56	7.62	7.84
2012	209	0.239	—	0.91	101	48.33	0.56	5.61	8.04
2011	214	0.318	—	0.93	105	49.07	0.6	7	7.34
2010	196	0.376	0.089	0.9	86	43.88	0.79	6.14	6.92
2009	137	0.22	0.019	0.94	79	—	0.47	5.27	7.32
2008	129	0.19	0	0.91	64	49.61	0.5	4	7.45
2007	129	0.289	0.113	0.86	63	48.84	0.63	3.94	4.93
2006	99	0.174	0.021	0.93	60	60.61	0.47	3.16	5.46
2005	58	0.14	0	0.98	34	58.62	0.31	2.13	4.67
2004	64	0.132	0.04	—	28	—	—	—	4.56
2003	50	0.136	0.046	—	31	—	—	—	3.64

表 1-41　《辐射防护通讯》历年来源指标表

出版年	来源文献量	文献选出率	平均引文数	平均作者数	地区分布数	机构分布数	海外论文比	基金论文比	引用半衰期
2018	46	0.96	9.9	3.5	12	30	—	0.109	7.7
2016	52	0.74	11.46	3.08	15	37	—	0.058	8.78
2015	58	0.79	11.3	3.9	11	28	0	0.103	—
2014	60	0.75	8.92	4.73	11	25	—	0.167	9.56
2013	49	0.66	11.27	3.57	12	26	0.02	0.02	7.59
2012	60	0.98	9.02	3.9	13	23	—	0.15	9.59
2011	57	0.97	7.12	3.05	12	26	—	0.211	8.95
2010	56	1	9.96	3.07	14	25	—	0.25	8.93
2009	53	0.8	15.66	2.85	10	26	0	0.208	6.21
2008	47	0.89	11.62	2.43	10	23	0	0.085	8.86

续表

出版年	来源文献量	文献选出率	平均引文数	平均作者数	地区分布数	机构分布数	海外论文比	基金论文比	引用半衰期
2007	53	0.79	10.57	2.89	12	24	0	0.132	7.19
2006	47	0.65	7.3	3.17	11	23	0.021	0.106	6.63
2005	43	0.51	7.84	2.63	10	30	0.256	0.07	6.83
2004	49	—	7.85	2.97	—	—	—	0	11.27
2003	43	—	9.95	2.44	—	—	—	0.02	9

十五、核化学与放射化学

《核化学与放射化学》是中国核学会核化学与放射化学分会主办的学术刊物，设有综述、核燃料循环化学、核化学与放射分析化学、环境放射化学、放射性药物与标记化合物，以及放射化学交叉学科等栏目，主要报道核化学与放射化学基础研究、放化工艺研究、辐射化学、环境化学、同位素化学及有关分离分析方法的科研成果，旨在为核化学与放射化学科学技术领域提供一个学术交流、成果推广的园地，以促进核化学与放射化学的发展。

《核化学与放射化学》国内外公开发行，是原子能技术类核心期刊，是全球最大的文献和引文数据库 Scopus、英国《科学文摘》(SA)、美国《化学文摘》(CA)、日本科学技术振兴机构中国文献数据库(JSTChina) 和《中国学术期刊文摘》等的源期刊，是中国科技论文统计与分析、中国学术期刊综合评价数据库、中国科学引文数据库的统计源期刊。本刊已加入 DOI 系统，并已入编《中国学术期刊（光盘版）、(网络版)》《方正 Apabi 电子期刊》《中文科技期刊数据库》、CEPS 中文电子期刊服务、中国生物医学文献数据库和入网“万方数据——数字化期刊群”。

本刊为双月刊，双月 20 日出版，也为学术会议等出版专刊或增刊。

期刊订阅：《核化学与放射化学》为双月刊，A4，每期 64 页，国内定价 15.00 元/本，全年 90.00 元。国内外公开发行，中国标准刊号：CN 11-2045/TL；ISSN 0253-9950。国内邮发代号：82-162，国外发行代号：Q 200。国内读者可在当地邮局订阅，国外读者可通过中国国际图书贸易总公司订阅。补订者可与本刊编辑部联系。

通讯地址：北京市 275 信箱 65 分箱

邮政编码：102413

e-mail：hehuaxue8025@163.com

网站：http://www.jnrc.org.cn/

历年被引指标和历年来源指标如表 1-42 至表 1-43 所示。

表 1-42 《核化学与放射化学》历年被引指标表

出版年	总被引频次	影响因子	即年指标	他引率	引用刊数	扩散因子	学科影响指标	学科扩散指标	被引半衰期
2018	258	0.317	0.018	0.81	114	—	0.6	7.6	7
2017	299	0.427	0.03	0.76	108	36.1	0.69	8.31	7.04
2016	303	0.389	0.034	0.88	124	40.92	0.59	7.29	6.57
2015	294	0.347	0.056	0.74	109	37.07	0.69	6.81	7.6
2014	293	0.54	0.017	0.8	103	35.15	0.53	6.87	7.21
2013	265	0.336	0.143	0.75	105	39.62	0.5	6.56	7.35
2012	237	0.271	0.032	0.76	97	40.93	0.39	5.39	7.13
2011	266	0.504	0.062	0.83	98	36.84	0.53	6.53	6.63
2010	239	0.551	0.087	0.78	95	39.75	0.57	6.79	6.39
2009	229	0.463	0.043	0.63	84	—	0.4	5.6	6.38
2008	155	0.278	0.063	0.8	76	49.03	0.63	4.75	6.23
2007	140	0.229	0.043	0.79	69	49.29	0.44	4.31	6
2006	152	0.298	0.047	0.86	60	39.47	0.47	3.16	6.27
2005	105	0.21	0.038	0.74	47	44.76	0.56	2.94	4.88
2004	123	0.252	0.039	—	49	—	—	—	4.82
2003	126	0.33	0.035	—	41	—	—	—	4.76

表 1-43 《核化学与放射化学》历年来源指标表

出版年	来源文献量	文献选出率	平均引文数	平均作者数	地区分布数	机构分布数	海外论文比	基金论文比	引用半衰期
2018	55	0.93	22.9	5.5	16	33	0	0.42	8.8
2017	67	0.96	21.3	5.3	12	32	0.01	0.51	9.33

续表

出版年	来源文献量	文献选出率	平均引文数	平均作者数	地区分布数	机构分布数	海外论文比	基金论文比	引用半衰期
2016	59	0.97	18.2	4.9	13	27	0	0.37	10.9
2015	72	0.95	25.2	4.8	14	31	0	0.444	8.1
2014	59	0.94	17.29	5.39	14	26	—	0.373	10.16
2013	63	0.95	15.14	5.33	10	28	—	0.317	9.07
2012	62	0.95	19.05	5.37	13	31	0	0.48	9.31
2011	65	0.93	11.42	5.74	13	27	0	0.35	9.56
2010	69	1	12.8	5.07	9	31	—	0.449	9.44
2009	47	0.9	12.04	5.45	7	19	0	0.532	9.29
2008	48	0.94	12.6	5	10	23	0.021	0.563	7.37
2007	47	0.87	10.38	4.83	10	18	0	0.404	9.86
2006	43	0.84	13.77	4.19	12	24	0.023	0.419	7.52
2005	53	1	8.58	4.94	9	21	0	0.42	8.98
2004	51	—	9.13	5.15	—	—	—	0.37	9.22
2003	56	—	8.46	4.85	—	—	—	0.41	9.31

十六、同位素

《同位素》期刊是中国核学会同位素分会主办的专业会志，也是国内唯一一本同位素学术期刊。刊物创刊于 1988 年，由中国原子能科学研究院承办。

期刊以创新与实用并重为特点，提高与普及相结合，主要刊登同位素的制备方法；同位素的分离和分析技术；同位素配位（标记）化学；同位素的行为化学，包括在环境、生物、植物、土壤，以及极端条件中的技术研究；同位素的计量学和标准，以及理论模拟；放射性废物处置技术及处置过程中涉及的行为、材料等方面的具有创造性和实用性的新成果、新技术和新经验，力求能全面反映同位素技术的发展及其在国民经济各领域中应用的理论与实践。旨在推进国内外同位素与辐射技术的学术交流，宣传其经济效益和社会效益，促进同位素技术在国民经济建设各方面的应用。涉及有特色的领域有：同位素及其制剂的研制；石油矿藏的同位素探测技术研究；工业用同位素仪器仪表的研制；用于环境保护的同位素技术；同位素技术在辐照育种、土壤测试等方面的应用研究；医用核素在基础医学和临床医学中的研究和应用。

刊物自创刊以来，影响日趋扩大，深受相关科研人员、高校师生及从事同位素技术与应用的各界人士的欢迎，也为国内外相关权威机构所关注：国际上被美国的《CA》收录；在国内被中国科技论文统计与分析（核心版）、中国学术期刊综合评价数据库、中国期刊网、《中国学术期刊（光盘版）》《中国生物学文摘》及《中国化学化工文摘》等遴选为源期刊；属于中文科技核心期刊。

《同位素》期刊本着为作者和读者服务、促进我国同位素与辐射技术的学术交流和人才培养作为办刊的宗旨。一直以来，本刊始终坚持三级审稿责任制度（双盲外审加终审）、三校一核制度、样书检查制度，保证论文的科学性和可读性，严格执行国家有关的各项法律法规，保证了期刊质量。

定价：每期 15.00 元，全年 90.00 元。

订阅办法：银行汇款，备注“同位素订刊费”。

银行汇款：工商银行北京房山支行二六六分理处，中国原子能科学研究院，帐号：0200026609008800252。

E-mail：twsbjb@163.com

通讯地址：北京市 275-65 信箱

邮政编码：102413

网站：http://www.tws.org.cn/

历年被引指标和历年来源指标如表 1-44 至表 1-45 所示。

表 1-44　《同位素》历年被引指标表

出版年	总被引频次	影响因子	即年指标	他引率	引用刊数	扩散因子	学科影响指标	学科扩散指标	被引半衰期
2018	210	0.424	0.13	0.84	102	—	0.5	6.8	7.1
2017	185	0.267	0	0.83	116	62.7	0.54	8.92	7.25

续表

出版年	总被引频次	影响因子	即年指标	他引率	引用刊数	扩散因子	学科影响指标	学科扩散指标	被引半衰期
2016	194	0.282	0.024	0.85	118	60.82	0.35	6.94	6.2
2015	214	0.405	0.045	0.91	125	58.41	0.56	7.81	5.8
2014	183	0.352	0.05	0.84	113	61.75	0.6	7.53	6.79
2013	213	0.364	0.047	0.81	108	50.7	0.44	6.75	7.66
2012	179	0.384	0.067	0.88	105	58.66	0.44	5.83	6.32
2011	202	0.408	0.093	0.78	105	51.98	0.6	7	5.79
2010	179	0.438	0.06	0.9	97	54.19	0.43	6.93	5.42
2009	160	0.363	0	0.76	89	—	0.6	5.93	5.37
2008	129	0.367	0.042	0.91	80	62.02	0.44	5	4.5
2007	137	0.389	0.037	0.86	85	62.04	0.44	5.31	4.47
2006	110	0.294	0.036	0.91	71	64.55	0.42	3.74	5
2005	109	0.16	0.017	0.89	72	66.06	0.44	4.5	4.7
2004	93	0.225	0.017	—	60	—	—	—	0
2003	60	0.163	0	—	34	—	—	—	4.13

表 1-45 《同位素》历年来源指标表

出版年	来源文献量	文献选出率	平均引文数	平均作者数	地区分布数	机构分布数	海外论文比	基金论文比	引用半衰期
2018	54	0.93	19.9	4.9	15	30	0	0.57	9.2
2017	43	0.98	19.8	4.8	14	28	0	0.49	8.75
2016	42	0.95	15.7	5.2	12	25	0	0.4	8.6
2015	44	0.94	9.3	6	12	27	0	0.36	—
2014	40	0.93	16.5	4.88	10	26	0	0.48	8.71
2013	43	0.96	15.98	4.84	13	29	—	0.326	8.04
2012	45	0.94	13.13	4.93	10	25	0.04	0.47	8.37
2011	43	0.67	17.56	4.84	10	25	0.02	1.07	7.14
2010	50	1	12.06	4.72	11	30	—	0.56	7.61
2009	48	0.92	15.38	4.4	13	30	0.021	0.563	7.8
2008	48	1	10.65	4.56	17	36	0.021	0.438	7.96
2007	54	0.95	11.94	4.67	14	38	0	0.389	6.41
2006	55	0.9	10.76	4.09	14	40	0.018	0.236	7.03

续表

出版年	来源文献量	文献选出率	平均引文数	平均作者数	地区分布数	机构分布数	海外论文比	基金论文比	引用半衰期
2005	58	1	8.29	4.45	10	28	0	0.26	6.45
2004	56	—	9.8	4.67	—	—	—	0.39	6.83
2003	57	—	7.26	4.59	—	—	—	0.17	5.74

十七、核聚变与等离子体物理

《核聚变与等离子体物理》是原国家科委批准的中央级学术刊物，中国核学会核聚变与等离子体物理学会会刊，由核工业西南物理研究院主办。1980 年创刊，刊号：ISSN 0254-6086，CN 51-1151/TL，国内外发行，季刊。

《核聚变与等离子体物理》的办刊宗旨是，促进核聚变与等离子体物理研究中的理论、工程及实验成果的学术交流，推广核聚变研究中间技术及低温等离子体应用方面的成果，发现和培养人才，促进核聚变与等离子体物理学科不断向前发展。

《核聚变与等离子体物理》是《中国学术期刊（光盘版）》、中国期刊网、万方数据——数字化期刊群、维普资讯全文入选期刊，是《中国科技期刊引证报告》、中国学术期刊综合评价数据库、中国科学引文数据库、《中国学术期刊文摘（中文版）》的来源期刊。《核聚变与等离子体物理》一直是《中文核心期刊要目总览》物理类和原子能技术类核心期刊。《核聚变与等离子体物理》多次荣获四川省优秀期刊奖，核工业总公司科技进步三等奖，中国国防科技信息学会 “九五”国防科技情报刊物二等奖。设有“等离子体物理学”“核聚变工程技术”“等离子体应用”栏目。

期刊订阅：每期定价 50 元，全年 200 元。中国邮政集团有限公司成都市分公司发行，邮政发代码：62-179，全国各地邮政局订购。

编辑部地址：成都市二环路南三段 3 号，邮编：610041

Email：bjb@swip.ac.cn

网站：http://hjby.swip.ac.cn/

历年被引指标和历年来源指标如表 1-46 至表 1-47 所示。

表 1-46 《核聚变与等离子体物理》历年被引指标表

出版年	总被引频次	影响因子	即年指标	他引率	引用刊数	扩散因子	学科影响指标	学科扩散指标	被引半衰期
2018	183	0.283	0.027	0.6	68	—	0.2	1.5	6.9
2017	158	0.117	0.037	0.64	51	32.3	0.2	1.13	7.78
2016	148	0.094	0.047	0.72	62	41.89	0.24	1.38	7.79
2015	166	0.302	0.016	0.77	60	36.14	0.2	1.33	6.2
2014	158	0.219	—	0.77	64	40.51	0.2	1.42	6.39
2013	197	0.316	0.048	0.75	62	31.47	0.17	1.17	5.09
2012	180	0.285	0.015	0.73	62	34.44	0.25	1.13	5
2011	191	0.342	0.015	0.74	67	35.08	0.22	1.34	4.72
2010	177	0.431	0.052	0.72	72	40.68	0.26	1.44	4.16
2009	127	0.291	0.027	0.61	44	—	0.14	0.88	3.88
2008	131	0.259	0.077	0.63	52	39.69	0.2	1.02	4.25
2007	124	0.355	0.014	0.77	55	44.35	0.16	1.08	3.95
2006	115	0.361	0.065	0.74	38	33.04	0.32	2	4.21
2005	121	0.36	0.136	0.6	37	30.58	0.31	2.31	3.85
2004	79	0.257	0.016	—	28	—	—	—	4.36
2004	79	0.257	0.016	—	28	—	—	—	4.36
2003	71	0.195	0.022	—	33	—	—	—	5.25
2003	71	0.195	0.022	—	33	—	—	—	5.25

表 1-47 《核聚变与等离子体物理》历年来源指标表

出版年	来源文献量	文献选出率	平均引文数	平均作者数	地区分布数	机构分布数	海外论文比	基金论文比	引用半衰期
2018	74	1	11.8	5.2	10	19	0.01	0.28	9
2017	81	1	11.7	4.8	10	20	0.01	0.3	8.87
2016	65	0.98	11.4	4.7	17	24	0	0.65	10.5
2015	65	0.97	8.3	5.1	12	27	0	0.68	8.9

续表

出版年	来源文献量	文献选出率	平均引文数	平均作者数	地区分布数	机构分布数	海外论文比	基金论文比	引用半衰期
2014	64	0.97	11.48	4.88	10	26	0	0.36	9.39
2013	62	0.95	11.6	4.55	13	25	—	0.581	8.08
2012	66	0.97	12.17	4.09	14	31	0.02	0.77	8.54
2011	67	0.96	11.34	4.63	11	26	0.03	0.84	8.74
2010	77	1	10.18	4.45	14	29	0.013	0.636	8.76
2009	75	0.96	9	4.24	10	21	0.013	0.56	8.47
2008	78	0.99	10.24	4.14	12	24	0	0.628	8.48
2007	73	0.96	9.01	4.14	15	29	0.027	0.562	8.67
2006	62	0.95	8.4	4.26	11	24	0.016	0.5	7.92
2005	59	1	8.36	4.17	10	19	0.03	0.49	8.2
2004	60	—	7.48	4.45	—	—	—	0.53	7.94
2004	60	—	7.48	4.45	—	—	—	0.53	7.94
2003	45	—	8.37	4.06	—	—	—	0.55	7.27
2003	45	—	8.37	4.06	—	—	—	0.55	7.27

第二章　论文选题与写作技巧

第一节　论文选题策划

选题策划是论文编写过程的最初阶段，也是对论文成败影响至关重要的阶段。作者在论文的筹备阶段，通常要经历信息采集、选题策划和内容构思等环节。其中信息采集是为论文的设计成型打基础，具体的信息采集方法将在第二节论文信息采集中具体展开说明，选题策划则是为论文系统性论述作铺垫，最后内容构思就是为论文上色，使得论文内容丰富而有参考价值。经过论证的论文选题在作者的精心创作下，使选题的意图落地，并通过作者的优化、整理，同时融合作者的思考，最终形成完整的可供读者借鉴的论文作品。因此一篇论文的质量如何，选题阶段至关重要。

一、选题与选题策划的基本步骤

选题是指经多方面分析、考量而选中主题后拟定的创作计划，选题策划的内容主要是对论文内容与形式的设计，包括具体章节的设计。在选题策划过程中，作者要围绕选题进行广泛的信息采集，周密的分析，反复的论证和思考，并在多方论证的基础上进行不断优化等。

选题策划的基本步骤包括：

（一）信息梳理

对搜集到的各种信息进行梳理是选题策划最基础的工作，也是信息采集环节的延伸。如果缺少这一步骤，闭门造车，邯郸学步，论文的内容将显得空洞无序。

作者采集到的信息通常是分散、凌乱的，需要经过筛选、识别、核实，将其中国式的、重复的、不准确的信息剔除出去，把有价值的信息保留下来，达到去伪存真、去粗取精的目的。在此基础上，按照初步设想的选题方向，把与其相关的各种信息组合在一起，经过整理、分析，形成系统的、有一定规格的信息数据资料或调查研究报告等，使信息有序化、系统化，为具体的文章内容打下扎实的基础，起到画龙点睛的作用。

对文章有意义的部分信息，往往呈现动态的、相互交叉的状态，因此不能机械地、孤立地、静止地使用信息。为了让搜集到的信息能为文章添彩，需要在信息的使用过程中，增加作者自己的思考，使作者的经验积累与信息交融，将思维多元化、多角度地延伸到信息当中。

（二）选题设计

选题设计是指作者整合信息并在此基础上构思、拟定具体写作内容的工作。具体包括以下几个方面：

1. 善于发现选题

生产精神文化成果是一种精神劳动，是在看不见摸不着的思维过程中进行的，表面上看，某个选题的萌发似乎是灵机一动的产物，实际上却是作者长期思考的结果。在现实生活中，一项政策的实施、一项技术的应用、一条经验的推广、一次活动的开展、一次失败的教训，都可能蕴藏着丰富的选题资源，关键在于作者要善于发现。

作为一位优秀的核行业从业人员，一位优秀的论文作者，应能自觉地学习相关的法律法规、规章制度及相关的方针政策，时刻关注行业内新的发展动态，不断了解国内外的相关情况；能依据收集到的各种信息，凭借职业敏感、相关知识储备与工作积累的经验、积极主动的创新思维，捕捉新的思考，并促使其成长为新的选题。

2. 总体构思论文创作

作者最初捕捉到的选题意向，也许只是灵光一现，此后作者付诸行动，并在此基础上结合自身的工作特点进行构思，对文章结构和形态有了初步的设计。

对文章进行总体构思时，作者要重新确认选题的价值和现实意义，并对细节逐一思考，使选题从模糊到清晰，从笼统到具体，从粗糙到精细。构思既是进一步调查、求证的过程，也是深入思考的过程。作者在创作过程中不断思考、逐步完善，使文章内容更流畅合理。

3. 选题论证

一个好的选题往往是多位作者智慧的结晶，因此选题论证实际上是凭借集体的智慧对选题进行更进一步的设计。论证人员从不同角度对选题作分析判断，提出进一步改进的意见、建议，以使选题达到更完善的程度。

4. 选题优化

对选题进行优化与论文的创作和修改是同时进行的，在论文创作的同时，结合采集到的相关信息，及作者不断地思考完善，对选题进行不断的优化，包括后期吸取专家意见进行改进的过程，都是对原有选题的不断改进和完善。经过优化后的选题，无论在内容、形式方面，还是在实际操作方面，都会有较大的提升。

二、论文选题方法

科学的论文选题必然有科学的选题方法，在选题的方向确定以后，还要经过一定的调查和研究，来进一步确定选题的范围，以至最后选定具体题目。下面介绍几种常见的选题方法，希望读者能触类旁通。

（一）同步选题法

同步选题法就是顺应科技发展潮流，把握所研究学科领域热点和前沿问题，将当前学科发展趋势作为出发点，寻找并确定研究课题方向。跟踪学科领域发展中的热点问题和前沿问题，是获取课题来源的有效途径。学科热点的产生往往有一定的理论背景和现实需要，其学术价值和社会价值突出。采用同步选题法选题时，需要很高的信息敏感度和信息收集量，能及早注意和预见到即将形成的学术热点。争取较早地参与到热点问题的研究是实现同步选题的关键，如果其他科研工作者已经着手研究该课题并已经发表了大量学术成果，研究沸点将过，那么再去跟风开展该课题的研究，其研究价值就会大打折扣。

（二）阶段分析法

阶段分析法是根据文献统计，确定某一学科所处的发展阶段，然后依据学科的成熟情况来选题。如果说同步选题法主要用来确定一个国家或研究部门的科研主攻方向，阶段分析法则更多地适用于选择具体的研究课题。经验表明，一门学科的发展大体上是呈“S”形，即经过一个时期酝酿之后，进入指数增长阶段，然后按负数下降。这一过程一般要经历四个阶段，即学科诞生阶段、学科发展阶段、学科成熟阶段和学科相对饱和阶段。不同发展阶段，人们对所研究对象认识的深度是不同的，有待研究的主要内容及其相应的研究方法也不尽相同。所以，选题应该首先了解该学术领域发展历史，明确该研究领域现在所处的发展阶段，然后根据各阶段的不同特点，选择、确定研究课题。学科诞生阶段，选题的主要思路是抓苗头，即抓新发现、新现象和新理论；学科发展阶段，选题的工作特点是以实验研究为主，选题的重点应放在选择实验性课题上，同时为实验设计、加工各种新仪器、新设备，建立测试手段和实验方法；学科成熟阶段，选题重点放在进一步丰富理论，并为验证理论进行必要的实验或实证研究；学科相对饱和阶段，以探索发展规律为目的，研究成果越来越少，选题要更加注重应用研究和发展研究。

（三）交叉选择法

当前各学科领域都向高精尖方向发展，学科之间的差异越来越大，学科之间的空隙也变得越来越明显，然而恰恰在这种差异和空隙之中堆积了许多边缘性问题可供选题。人类社会许多重大课题也面临着用单一学科难以解释和解决的问题，需要多学科交叉，运用多学科理论和方法才能加以应对。所以，当代科学研究已经悄然进入了一个学科交叉和协同创新的新时代，提倡多学科交叉和协同创新，在多学科边缘交界地带寻找研究方向，是学术论文选题的重要方法。多学科交叉选题，可以将一个学科的研究思路及方法带到另一个学科领域当中去，为研究注入新的活力，碰撞出新的思想火花。

（四）机遇线索法

科学发展史告诉我们，许多重大科研成果往往出现在研究者长期苦思冥想、殚精竭虑地钻研某一问题时，突然灵光一现，在偶然中发现意想不到的现象和问题，科学研究往往在必然性中存在着许多偶然性。所以，当研究课题遇到阻塞、停止不前的时候，不妨回头仔细审视遇到的问题与细节，或许在问题细节处就会发现更广阔更有价值的研究方向。当灵感来袭时，研究者应该不失时机地抓住这一闪念的灵感，对灵感进行及时捕捉记录，加以思考整理，使之更加丰满，对其展开深入研究，是极有可能形成比较有价值的研究课题的。俗语说“机会通常是给有准备的人”，在研究过程中的“有准备”，不仅是机遇和灵感出现之前的艰苦探索，更是灵感孕育的基础和前提，并且还应该包括在灵感闪现时能够及时抓住它，有效利用它，发展充实它。

（五）浏览捕捉法

这种方法就是通过对现有的文献资料快速地、大量地阅读，在比较中来确定题目的方法。

浏览捕捉法一般可按以下步骤进行：第一步，广泛地浏览资料。在浏览中要注意勤作笔录，随时记下资料的纲目，记下资料中对自己影响最深刻的观点、论据和论证方法等，记下脑海中涌现的点滴体会。第二步，将阅读所得到的方方面面的内容，进行分类、排列、组合，从中寻找问题、发现问题，材料可按纲目分类。第三步，将自己在研究中的体会与资料分别加以比较，找出哪些体会在资料中没有或部分没有。

（六）追溯验证法

这是一种先有拟想，然后再通过阅读资料加以验证来确定选题的方法。

追溯可从以下几方面考虑：第一步，看自己的“拟想”是否对别人的观点有补充作用，自己的“拟想”别人没有论及或者论及得较少。第二步，如果自己的“拟想”虽然别人还没有谈到，但自己尚缺乏足够的理由来加以论证，考虑到写作时间的限制，那就应该中止，再作重新构思。第三步，看“拟想”是否与别人重复。如果自己的想法与别人完全一样，就应马上改变“拟想”，再作考虑；如果自己的想法只是部分与别人的研究成果重复，就应再缩小范围，在非重复方面深入研究。第四步，要善于捕捉一闪之念，抓住不放，深入研究。

三、论文选题范畴

作者在可能选择的论文选题范围内，应当选择自己熟悉的、感兴趣的课题，要尽可能选择具有一定探索性和创新性的课题，同时要考虑论文的理论性和深刻性，选题宜小不宜大，切忌选择内容空泛，大而无当的问题。下文主要简述涉核相关的一些选题范畴。

（一）核技术利用

随着核能和核科学技术的发展，放射性同位素和射线装置在医疗、工业、农业、地质调查、科学研究和国防建设等各个领域中的应用越来越广泛，与广大人民的衣食住行密切相关，在国家的各项现代化建设中发挥了重要作用。我国核技术利用始于 20 世纪 50 年代，当时主要集中于伽马射线无损探伤和疾病的放射诊断和治疗等。2003 年，国家发改委提出“加快高技术成果的产业化，引导、推动我国民用非动力核技术应用产业的持续、快速、健康增长，促使我国核技术应用产业在 5 年左右达到 1 000 亿元的产业规模，并保持年均 15%以上的增长速度”，核技术利用得到迅速发展，现在已广泛应用于辐照灭菌、材料改性、石油测井、辐射计量、工业探伤、食品保鲜和杀虫、育种、放射诊断和治疗、教学科研和同位素示踪等各个领域。核技术利用是利用放射性同位素和电力辐射与物质相互作用所产生的物理、化学及生物效应来进行应用研究与开发的技术，其技术基础与技术手段就是放射性同位素（放射源）和射线装置中的电离辐射技术，它的种类繁多，应用领域十分广阔。

（二）核安全

核安全一词是国际政治学、社会科学和军事学中的重要术语，也是近年安全领域使用频繁的词汇之一。目前，学术界对核安全定义和内涵的表述多样，典型的有两种。

《百度百科》的定义：广义的核安全是指对核设施、核活动、核材料和放射性物质采取必要和充分的监控、保护、预防和缓解等安全措施，防止由于任何技术原因、人为原因或自然灾害造成事故发生，并最大限度减少事故情况下的放射性后果，从而保护工作人员、公众和环境免受不当辐射危害。狭义的核安全是指在核设施的设计、建造、运行和退役期间，为保护人员、社会和环境免受可能的放射性危害所采取的技术和组织上的措施的综合。该措施包括：确保核设施的正常运行、预防事故的发生、限制可能的事故后果。社会议题的核安全主要是指防核扩散及核裁军等。

《科技名词词典》的定义：在核设施和核活动中保持正常的运行工况，采取各种防护措施，保护工作人员、公众和环境免受不当的辐射危害。综上所述：核安全是指在核材料、核设施及各种涉核实践中，通过采取各种防护措施，使人员、环境及设施、武器等免受危害的状态。该定义从静态（材料、设施、武器）和动态（涉核实践）两种形态，军事和社会两个层次客观界定了核安全的概念及范畴。

对于核安全问题，世界有核国家大都高度重视，并在生产、管理和使用的各个环节都建立了严格法规。但同时世界核扩散形势仍在蔓延，拥有核材料、核设施的国家不断增多。历史上已经发生过多起重大核事故，潜在核安全隐患大量存在，这些都应引起世人的高度警觉。如核材料监管面临的挑战；核设施安保防护的不足，一些老旧反应堆缺乏安保措施；放射源成为核安全中最脆弱的一环，据不完全统计，迄今世界的放射源数量已增至近百万个，而在一些国家管理人员和设施却极度缺乏或落后；不少核材料超期多年仍在使用等情况大量存在，成为巨大的核安全隐患。我国核安全形势总体良好，但仍应强化防范。

（三）核安全监管

监管核安全是国家责任。三十多年来，国家核安全监督管理部门经历了起步探索、整合提高、快速发展阶段，先后整合了全国民用核设施核安全监管、放射源和射线装置安全监管，以及辐射环境管理等职能，建立了一套接轨国际、符合国情的国家监管组织体系，培育了一支具备审评、监督、执法、应急和监测等综合能力的监管队伍，形成了一套符合核安全规律、行之有效的监管理念和制度。

在《中华人民共和国放射性污染防治法》《中华人民共和国核安全法》这两部法律中，明确规定了核安全的政府肩负管理责任。国家建立了安全许可、监督检查执法、事故基于调查处理、环境影响评价、辐射环境监测和人员资质管理等核安全监管制度，逐步形成了审评、许可、监督、执法、监测和应急等工作机制，对核电厂、研究堆、核燃料循环设施、核安全设备、放射源与射线装置、放射性废物、铀矿和伴生矿开发利用，以及放射性物品运输等开展全过程、全链条的监管活动。国家核安全局是法定国务院核安全监督管理主体，核安全许可制度是独立执行国家核安全监督执法的基石。

《中华人民共和国核安全法》第二十二条规定，国家建立核设施安全许可制度。核设施运营单位进行核设施选址、建造、运行和退役等活动，应当向国务院核安全监督管理部门申请许可。第三十七条规定，核设施操纵人员及核安全设备焊接人员、无损检验人员等特种工艺人员应当按照国家规定取得相应资格证书。核安全监督室应当将监督检查情况形成报告建档立案。同时，对国务院核安全监督管理部门和其他有关部门依法进行的监督检查，从事核安全活动的单位应当予以配合，如实说明情况，提供必要资料，不得拒绝、阻挠。

（四）核反应堆与核动力厂

核反应堆是一种综合的技术装置，用来实现重元素的可控自持链式裂变反应。核反应堆是由堆芯、冷却剂系统、慢化剂系统、控制与保护系统、屏蔽系统和辐射监测系统等组成的。核反应堆堆芯是核燃料放置的区域，是核动力厂的心脏，核裂变链式反应就在其中进行。链式裂变反应释放出来的能量，绝大部分首先在燃料元件内转化为热能，然后通过热传导、对流换热和热辐射等方式传递给燃料元件周围的冷却剂，再由冷却机带载到堆芯外，通过热力系统转化为所需动力。

目前世界上大大小小的核反应堆有上千座，根据燃料形式、冷却剂种类、中子能量分布形式和特殊的设计需要等因素，可分成各种不同的类型，多种多样。出于不同目的，可以从不同角度对反应堆进行分类，如按照功能分类、按照中子能谱分类、按照慢化剂分类、按照冷却剂分类和按照核燃料分类等。研究堆是指主要用来作为中子源的核反应堆，也称为非动力反应堆。在六十多年的核能科学与技术发展中，研究反应堆起着重要的作用。此外也在培训、教育和许多研究计划中做出了贡献。早期的研究堆大都采用高富集度铀制造燃料，而今二十年来国际原子能机构从研究堆的安全性和防止核扩散特性考虑，建议民用研究堆采用富集度不超过 20%的低富集度铀来制造核燃料。

核动力厂使用的核反应堆堆型又分为压水堆、沸水堆、重水堆、高温气冷堆和快中子堆等。随着新型压水反应堆的提出，为了形象地进行描述，根据核动力厂技术、经济和安全要求的发展，常常将核动力厂按“代”划分。第一代是指 20 世纪 50 年代至 60 年代建成的实验堆和原型堆核动力厂，如苏联的第一原子能电站，美国的希平港压水堆核动力厂等，目前仅有较少的第一代反应堆在运行。第二代是指 20 世纪 60 年代末期后投入商业运行的核电机组，如 PWR、BWR、CANDU 和 WWER 等。第二代核动力厂主要是实现核电商业化、标准化、系列化、批量化，以提高经济性。第三代是指以满足美国核电用户要求文件（URD）和欧洲核电用户要求文件（EUR）为设计要求的，具有预防和缓解严重事故措施，经济上能与天然气机组相竞争的核电机组，包括改革性的能动（安全系统）核动力厂和先进性的非能动（安全系统）核动力厂，并完成了全部工程论证和试验工作，以及核动力厂的初步设计，将成为下一代（第三代）核动力厂的主要堆型。我国引进的美国非能动 AP1000 核动力厂以及广东核电集团公司引进的法国 EPR 核动力厂都属于第三代核动力厂。第四代是指目前正进行概念设计和研究开发的，有望在 2030 年建成，经济性和安全性均更加优越、废物量极少、无需场外应急并具有防核扩散能力的核能利用系统。

（五）民用核设施及核安全设备

根据 1986 年 10 月 29 日国务院发布的《民用核设施安全监督管理条例》，民用核设施包括：（1）核动力厂（核电厂、核热电厂、核供汽供热厂等）；（2）核动力厂以外的其他反应堆（研究堆、实验堆和临界装置等)；（3）核燃料生产、加工、贮存及后处理设施；（4）放射性废物的处理和处置设施；（5）其他需要严格监督管理的核设施。前两种民用核设施中包含进行裂变反应的核反应堆，后面三种民用核设施不包括核反应堆，但也大多存在临界安全和辐射安全问题。要确保核设施系统、设备及服务的高质量，从而确保核设施的安全，就必须在核设施的选址、设计、建造、调试、运行、退役全过程中采取一整套严格的质量管理措施（办法），只有良好的质量管理措施才能确保获得良好的质量。

依据《民用核安全设备监督管理条例》(国务院第 500 号令)，民用核安全设备是指在民用核设施中使用的执行核安全功能的设备，包括核安全机械设备和核安全电气设备。民用核安全设备是民用核设施安全防护实体屏障的核心，其质量和可靠性直接关系到核设施的安全稳定运行。核电厂虽然设备很多，但是涉及核安全的设备主要是核岛设备。以压水堆核电厂为例，核安全机械设备主要是核电厂一回路主设备，反应堆安全壳钢覆面或钢制安全壳，以及涉及核安全功能的所有管道、泵阀、换热器和容器等。核反应堆主要由反应堆压力容器、燃料组件、堆内构件和控制棒驱动机构等组成。反应堆压力容器比较特殊，其既属于核反应堆也属于核电厂一回路主设备。核电厂一回路主设备还包括蒸汽发生器、稳压器、主泵和主管道等。

（六）核设施厂址安全评价

国家核安全局 1991 年发布的《核电厂厂址选择安全规定》(HAF 101）提出了陆上固定式反应堆核动力厂在厂址选择中核安全方面应遵循的准则和程序。该规定的宗旨是评价那些与厂址有关的而且必须考虑的因素，以保证核动力厂在整个寿期内与厂址的综合影响不致构成不能接受的风险。为保证对规定的理解和实施，国家核安全局于同期发布了十二个相关导则。在《中华人民共和国核安全法》第二章第十四条规定：国家对核设施的选址、建设进行统筹规划，科学论证，合理布局。

核电厂选址过程应考虑厂址所在区域的城市和工业发展总体规划、土地利用的总体规划、水域环境功能区划之间的相容性，应靠近电力负荷中心和水源充足的地区，应避开能动断层、人口密度高及饮用水源保护区、自然保护区和风景名胜等环境敏感区。厂址选择应调查研究地区电网结构、电力负荷、厂址条件（地形地貌、地震地质、土工、水文气象、交通运输、大气弥散和水体弥散）和厂址环境（人口分布、工业生产情况及人为外部事件），提出工程建设设想（建设用地、供水、大件运输、电力出线、占地拆迁、防洪排涝、对外协作和施工条件），并对厂址技术经济进行比较，按相对优劣条件进行排列。核设施营运单位应当对地质、地震、气象、水文、环境和人口分布等因素进行科学评估，在满足核安全技术评价要求的前提下，向国务院核安全监督管理部门提交核设施选址安全分析报告，经审查负荷和安全要求后，取得核设施厂址选择审查意见书。

在核设施厂址适宜性评价中，必须考虑以下几方面因素：（1）在特定厂址所在区域内所发生外部事件对核电厂的影响；（2）可能影响释放出的放射性物质向人体和环境转移的厂址特征及其环境特征；（3）与实施应急措施的能力及个人和群体风险评价有关的外围地带的人口密度、人口分布及其他特征。

核电厂厂址选择包括的内容很广，选择工作主要体现在可行性研究阶段，在可行性研究阶段的厂址安全评价仅是核电厂址选择的部分内容，但往往在筛选厂址中对厂址的可接受性起界定作用，核电厂厂址安全评价贯穿于核电厂厂址选择、建造、运行和退役整个过程之中。

核电厂厂址安全评价中必须考虑的问题有：（1）核电厂厂址必须满足《核电厂厂址选择安全规定》中所规定的基本准则、与外部自然事件和外部人为事件有关的危险性评级、确定核设施对区域潜在影响的准则和考虑人口与应急计划的准则；（2）所评价的外部事件包括外部自然事件和外部人为事件；（3）必须考虑和评价核电厂对区域的潜在影响及相关的厂址特征，包括放射性物质的大气弥散、放射性物质的地表水弥散、放射性物质的地下水弥散、人口分布、厂址所在地区内土地和水体的利用、环境的放射性本底；（4）危险性监测，必须在核电厂寿期内，对可能危害设施的外部自然事件和外部人为事件，以及与核设施有关的人口统计、气象和水文条件进行监测，该监测必须在建造开始前着手实施并一直持续到退役；（5）质量保证，为保证工作所要求的质量，必须指定使用的质量保证大纲，以控制核设施厂址评价的不同阶段中所进行的厂址调查、评价及工程活动实施的有效性。

（七）核动力厂的设计安全

核动力厂安全目标是在核动力厂中建立并保持对放射性危害的有效防御，以保护人与环境免受放射性危害。安全目标适用于核动力厂的所有活动，包括规划、选址、设计、建造、调试、运行和退役，以及有关放射性物质的运输、乏燃料和放射性废物的管理等。为了证明核动力厂的设计实现了基本安全目标，必须对设计进行全面的安全评价，以确定所有辐射的来源，并评估核动力厂工作人员和公众可能受到的辐射剂量，以及对环境的可能影响。

防止核动力厂发生事故和减轻事故后果的主要手段是应用纵深防御概念，该概念贯穿于安全有关的全部活动，涉及核动力厂各种功率及停堆状态下有关的组织、人员行为或设计，以保证这些活动均置于各种独立的、不同层次措施的防御之下。即使有一种故障发生，将有适当的措施探测、补偿或纠正。在整个设计和运行中贯彻纵深防御，以应对场内设备故障或人因引起的各种预计运行事件和事故，以及外部事件引起的后果。所有从事与核动力厂安全设计重要活动相关的组织，包括设计单位，都有责任保证将安全事务放在最优先的位置。

核动力厂的设计工作可以由许多组织分担，如工程公司、反应堆及其辅助系统供应商、主要设备供应商、电气系统的设计单位，以及对核动力厂安全重要的其他系统的供应商等。营运单位必须对委托给外部组织的设计活动进行管理。全面负责设计过程的部门必须保证核动力厂设计满足安全性、可靠性和质量方面的验收准则。这些准则符合相关的法律法规和标准规范。

核动力厂的总体设计要考虑到核动力厂的状态，按 HAF 102—2016 的规定，核动力厂的状态包括运行状态和事故工况。运行状态值正常运行和预计运行事件；事故工况指偏离正常运行，比预计运行事件发生频率低但更严重的工况。事故工况包括设计基准事故和设计扩展工况（包括堆芯熔化事故）。必须为每类核动力厂状态确定准则，使得发生频率高的核动力厂状态必须没有或仅有微小的放射性后果，而可能导致严重后果的核动力厂状态的发生频率必须很低。针对运行状态和事故工况，必须为安全重要物项规定一套相应的设计限值。设计限值必须符合核安全法规和相关的监管要求。

（八）核动力厂的运行

为保证核动力厂运行符合设计要求，营运单位必须制定包括技术和管理两个方面的运行限值和条件。运行限值和条件必须反映最终设计，并必须在核动力厂运行开始之前经国务院核安全监管部门评价和批准。运行限值和条件的技术方面包括核动力厂安全重要的各构筑物、系统和部件执行其在安全分析报告中假定的预定功能时需要遵守的限制和运行要求。核动力厂运行寿期内，必须根据经验的积累、技术和安全的发展，以及核动力厂的变更对运行限值和条件进行复审。运行限值和条件包括：（1）安全限值；（2）安全系统整定值；（3）正常运行的限值和条件；（4）监督要求。对核动力厂运行的安全管理包括：（1）核动力厂运行安全监督；（2）负责核动力厂安全的核动力厂营运单位；（3）人员的资格和培训；（4）运行规程和运行指令；（5）堆芯核燃料管理；（6）核动力厂调试；（7）运行事件报告制度；（8）安全重要构筑物、系统和部件的维修、实验、监督和检查；（9）核动力厂修改；（10）辐射防护和放射性废物管理；（11）运行经验反馈；（12）核动力厂定期安全审查；（13）核动力厂退役。

（九）民用核安全设备质量监管

民用核安全设备是指在民用核设施中执行核安全功能的机械设备和电气设备，其质量和可靠性对民用核设施的安全稳定运行具有十分重要的意义，高质量和高可靠性的设备是保证民用核设施安全的一个重要的前提条件。

《民用核安全设备监督管理条例》明确了国务院核安全监管部门、核设施营运单位和核设备活动单位在民用核安全设备活动中必须履行的职责，通过层层把关，实施严格的过程控制。目前，核安全设备质量监管的监督方式与核设施安全监管基本是一致的。依据

《民用核安全设备监督管理条例》第二条，民用核安全设备是指在民用核设施中使用的执行核安全功能的设备，包括核安全机械设备和核安全电气设备。民用核安全设备是民用核设施安全防护实体屏障的核心，其质量和可靠性直接关系到核设施的安全稳定运行。对国内的设备厂家，若想从事境内民用核设施提供目录范围内设备的设计、制造、安装活动的，需按照《民用核安全设备监督管理条例》的有关要求，取得国家核安全局颁发的许可证。从事民用核设施役前检查和在役检查的单位需按照该条例取得无损检验许可证。国外的单位必须依据 HAF 604 的相关规定进行注册登记。

（十）核燃料循环设施核安全监督管理

核燃料是指含有易裂变核素，在反应堆内使自持核裂变链式反应得以实现的材料。它主要由易裂变核素和可转换核素两种成分组成。核燃料循环以反应堆为中心构建，包括核燃料进入反应堆前的加工处理过程，在反应堆中燃烧和燃烧后的整个处理过程——即前段、反应堆和后段。通常，将核燃料在反应堆中使用前的工业过程，即包括铀矿石采集加工冶炼、铀纯化与转化、铀浓缩和核燃料组件的加工制造称为核燃料循环前段。核燃料在反应堆堆芯内受过辐照并从堆芯永久卸出称为乏燃料，对其开展的后处理、回收核燃料、再循环使用及产生的放射性废物的处理、处置等工业过程称为核燃料循环后段。核燃料循环设施根据放射性物质总量、形态和潜在事故风险或后果进行分类。

核燃料循环设施核安全监督管理包括：铀矿勘探开采和加工的辐射安全监督管理；核燃料加工、处理设施（铀化合物转化、铀浓缩、铀燃料元件加工、乏燃料离堆贮存和后处理设施）的辐射防护、核临界安全和化学安全的安全监督管理。

（十一）核与辐射应急准备和响应及其监督管理

核事故是核设施或核活动中极少出现的对正常状况的严重偏离。若有关的安全设施不能按设计要求发挥作用，则放射性物质的释放可能会达到不可接受的水平。可以说，核电是最安全、事故发生概率最低、事故伤亡人数最低的工业领域之一。不过，我们也必须认识到，核动力厂发生事故的概率虽然很低，但一旦发生事故，尤其是严重事故，其影响范围、对社会的冲击可能很大。核能发展历史上已经发生了几次重大核事故，如苏联南乌拉尔事故、英国温茨凯尔核事故、美国三哩岛核事故、苏联切尔诺贝利核事故、日本东海村事故、日本福岛核事故。正是由于核事故可能产生的重大危害和严重后果，各国在发展核能事业的同时，对核事故应急也都给予高度重视，制定了相关法规，建立了相应组织，采取了必要的应急准备措施，把应急预案与准备作为纵深防御的最后一道防线。

我国核事故应急管理实行三级管理体系，即在国家、地方政府（省、自治区、直辖市）及核设施运营单位三个层次上制定相应的应急预案，分层次对核事故应急管理工作负责。

在我国目前的辐射防护体系中，将涉及放射性的人类活动划分为实践和干预两类。需要实施干预的情况主要有：核事故、辐射事故或辐射突发事件引起的需要采取防护行动的应急照射情况，如核动力厂事故；天然辐射源或以往事故、事件产生的放射性残存物引起的需要采取补救行动的持续照射情况。防护行动是为防止或减少公众成员在应急或持续照射情况下的受照剂量而进行的干预。达到应急响应的基本目标，就是尽一些努力保持公众和工作人员接受的辐射剂量低于相关计量阈值，防止发生严重的确定性健康效应；同时确保采取所有合理措施，减少目前和将来随机性健康效应的发生。

我国将核事故应急状态分为四个等级：应急待命、厂房应急、厂区应急和场外应急（总体应急）。核动力厂的应急预案都是按照这四个应急状态定制的，而其他核设施则根据其具体情况确定应急预案需要考虑的应急状态，在大多数情况下可能不涉及场外应急状态。可能导致核事故的初因事件很多，事故发展过程也可能很复杂，因此，响应行动也不可能千篇一律。制定核事故应急预案及作好应急准备的目的就是为了一旦发生核事故时能及时而正确地响应，以便控制事故，减轻和缓解事故后果。

（十二）放射性同位素与射线装置

核素利用范围非常广泛，包括处在核能开发领域之外的所有领域中的应用。具体来说则是指密封放射源、非密封放射源和射线装置在医疗、工业、农业、地质调查、科学研究和教学等领域中的使用。这类应用主要包括：工业无损探伤，料位测量；科研领域的示踪试验；医学领域的诊断和治疗；公安领域的烟雾报警；海关上使用的钴射线检测仪；地矿部门使用的中子γ测井；农业领域使用的辐射育种、保鲜等。

我国参照国际原子能机构的有关规定，按照放射源对人体健康和环境的潜在危害程度，从高到低将放射源分为Ⅰ、Ⅱ、Ⅲ、Ⅳ、Ⅴ类，Ⅴ类源的下限活度为该种核素的豁免活度。根据射线装置对人体健康和环境的潜在危害程度，从高到低将射线装置分为Ⅰ、Ⅱ、Ⅲ类。《放射性同位素与射线装置安全许可管理办法》对辐射安全许可证的申请与颁发等相关内容作出了规定，许可中活动的种类分为“生产、销售和使用”三类。应同时做好放射性同位素与射线装置在应用中的辐射防护与监督管理，并对日益增加的放射性废物进行及时妥善处理。

（十三）放射性废物和核与辐射设施安全退役

放射性废物是指含有放射性核素或者被放射性核素污染，其放射性核素浓度或者比活度大于国家确定的清洁解控水平，预期不再使用的废弃物。放射性废物以各种形式存在，其物理和化学特性、放射性核素浓度或比活度、半衰期和生物毒性可能差别很大。放射性废物管理是指一切与放射性废物的生产、收集、处理、贮存、运输、处置和核与辐射设施退役在内所有行政和技术的活动。做好放射性废物管理的安全监管，对防治放射性污染、保护环境、保障人体健康，以及促进核能与核技术利用的发展有着十分重要的意义。

放射性废物的基本来源有以下几个方面：（1）各种类型反应堆，包括核电厂、核热电厂、核供气供热厂等核动力厂及装置、研究堆、实验堆等其他反应堆等；（2）铀（钍）矿山、水冶厂、铀纯化（精炼）厂、铀转化厂、铀浓缩厂、钚冶金厂、燃料元件加工厂等；（3）反应堆辐照过燃料元件（乏燃料）的后处理与提取裂片元素和超铀元素的过程；（4）放射性废物处理、贮存，核处置设施与放射性物品运输过程；（5）放射性同位素的生产和利用过程，包括中、高能加速器的运行，医院、研究所及大专院校的相关研究活动；（6）核武器的生产，实验和爆炸过程；（7）核与辐射设施退役过程等。核设施营运单位运行产生的放射性废气、废液须经净化处理后达标排放，处理过程中产生的其他放射性固体废物均应实施进一步处理，使其转化为稳定和标准化的固体废物，以保障放射性废物贮存和处置场所的安全。处置是放射性废物治理最后一个环节，处置的安全性是通过选择适宜的场址、合宜的工程措施和良好的管理制度来达到的，是选址和建造时首先应该重视的问题。

核设施与辐射设施退役的实施包括去污、切割解体、拆除、场址清污与环境整治等。其管理涉及安全管理、废物管理、经费管理和进度管理等许多方面，最重要的是安全管理和废物管理。

（十四）放射性物品运输安全

放射性物品运输活动是一项移动的核与辐射实践活动，相对于核动力厂和研究堆等核设施和其他在固定场所使用的辐射源，在核与辐射安全风险防范和管控方面均具有其自身的特殊性。放射性物品运输的方式包括道路运输、铁路运输、水路运输和航空运输等。放射性物品运输的危险主要包括交通危害、辐射危害和非辐射危害。其中辐射危害是放射性物品运输相比其他物品运输所特有的危害，它可能给运输人员、公众和环境带来放射性物品污染、超过标准规定的辐照剂量、易裂变材料的临界反应及衰变热等危害，因此，放射性物品运输应该重点对四个方面予以关注：（1）包容放射性内容物；（2）控制运输货物外部的辐射水平；（3）防止易裂变材料发生临界；（4）防止衰变热导致的损害。除了辐射危害，放射性物品可能还存在着自燃性、腐蚀性、强氧化性，以及与其他物品接触生成次生有害物质等其他非辐射危害。

放射性物品具有辐射危害的特性，属于危险物品中的一类。放射性物品运输除满足放射性物品安全管理的专门要求外，也应遵守有关危险货物运输安全管理的通用要求。我国对危险货物的分类方法与国际上保持一致。在我国的法律法规和标准体系中，涉及放射性物品运输安全管理的法规标准共有两类，一类是针对危险货物运输或其他领域但包含放射性物品运输在内的，另一类是专门针对放射性物品运输的。

放射性物品种类繁多，有的放射性物品辐射强度很低，可以直接用手触摸，有些放射性药品甚至可以直接注入人体；有些放射性物品辐射强度很高，在没有屏蔽体的情况下人员根本无法接近，如核电厂乏燃料；有些放射性物品除了具有辐射安全问题外，还具有需要关注的其他安全问题，如有些易裂变材料本身辐射强度不高，但是在特定条件下会发生危害极大的临界裂变反应，有些放射性物品极易与其他物品发生反应等。因此在运输管理中必须对放射性物品进行区分，实行分类管理，危害越大的管理要求越严格，这是放射性物品运输安全管理的基本原则之一。不同放射性物品的特性和潜在环境风险不同，差别很大，只有通过分类管理，才能实现科学、高效的监管。为此，《放射性物品运输安全管理条例》规定，根据放射性物品的特性及其对人体健康和环境的潜在危害程度，将放射性物品分为一、二、三类。为了落实分类管理，条例还要求国务院核安全监管部门会同国务院有关主管部门制定放射性物品的具体分类和名录。

（十五）辐射防护与辐射环境监测

核能与核技术的发展给人类带来巨大的收益，也带动了社会的发展，同时，放射性及由此产生的各种辐射也成为人民关注的话题，在使用不当及失去控制时会对人体健康产生一定程度的影响甚至危害。为了保障人类的健康，确保环境的安全，促进核能与核技术利用工作的顺利开展，就要了解辐射对人体的基本作用及所引发的效应，使人民对辐射的危害有一个正确的了解。既要消除不必要的恐惧又要高度重视，因此，必须确立辐射防护的基本原则，制定必要的辐射防护标准，积极做好辐射监测工作，采取有效的措施减少和避免不必要的照射。我国正在执行的《电力辐射防护与辐射源安全基本标准》（GB 18871—2002，2003 年 4 月 1 日实施）以人的健康与安全保护为宗旨，适应国内外防护与安全学科的新发展，其范围覆盖了当前辐射防护与辐射源安全的所有领域，对于全面加强我国辐射防护与辐射源安全工作，更好地保护工作人员和公众的健康与安全，保护环境，促进我国核能与核技术应用事业的可持续发展有重要作用。辐射防护的基本任务是保护从事放射工作者本人和后代，以及广大公众乃至全人类的安全，保护好环境。

辐射环境监测是辐射环境管理的重要手段，辐射环境监测的主要作用包括：（1）验证核与辐射设施对环境的实际影响是否处在所控制的范围之内；（2）发现核与辐射设施的异常排放；（3）严重事故时可以判定污染的范围和水平；（4）改善公共关系。环境中放射性背景情况对环境放射性监测至关重要。环境放射性监测是在较高的放射性背景情况之下去探查一个小的附加增量，环境中较高的放射性背景值主要是天然放射性的贡献。从事环境放射性监测的人员需要了解对检测有重大影响的天然放射性的状况。辐射环境监测方法依据所拥有的检测手段和具体的环境条件，分为现场直接获得检测结果的就地测量，以及在现场进行取样然后在实验室完成测量和分析两大类。

（十六）相关法律法规

我国核安全法律法规和我国的法律法规体系是相对应的，分为国家法律、国务院条例和国务院各部委部门规章三个层级。国家法律是法律法规的最高层次，起决定性作用。目前我国核领域，属于国家法律的有《中华人民共和国放射性污染防治法》《中华人民共和国核安全法》两部，另一部核能领域的基本法《中华人民共和国原子能法》也已列入立法规划。国务院条例，即通常所说的行政法规，是国家法律在某一方面的进一步细化，规定了该方面的法规要求。在核领域，行政法规目前主要包括《中华人民共和国民用核设施安全监督管理条例》《中华人民共和国核材料管制条例》《核电厂核事故应急管理条例》《民用核安全设备监督管理条例》等七部国务院条例。国务院各部门发布的部门规章，主要包括国务院条例实施细则及其附件、核安全技术要求的行政管理规定等两部分。核安全部门规章按照设施及专业领域从 0～10 分为十一个系列，这十一个法规系列囊括了核安全监管的主要内容。

另外，一些规范性文件尽管不算正式的部门规章，但通常视同为部门规章适用，也是强制执行的，这些规范性文件在核安全监管实践中也具有十分重要的作用。由于核安全领域的法律、国务院条例和核安全部门规章通常给出的仅仅是原则性要求，因此根据国际惯例和时间，国家核安全局制定了一些与核安全技术要求的行政管理规定相对应的支持性文件——核安全导则，其层次低于部门规章。由于核安全导则不可能解决所有技术问题，对于核安全问题还需要大量的技术文件和标准来支持，因此在实际工作中，国家核安全局还发布了一系列技术文件，以表明国家核安全局对具体技术或行政管理问题的见解，在应用中参照执行。对于不同部门制定的标准和规范性文件之间存在的重复内容或冲突，管理部门也会及时进行修订。

（十七）涉核公众沟通

对于中国时下正在蓬勃发展的核能行业而言，公众对核电的接受度已日益成为影响核电发展的极为重要的因素。公众对核电的态度受各种信息的影响，信息源可信度是说服力的重要决定因素。在我国，核安全监管机构、核电企业和专家是主要的核信息发布源，研究不同信息源可信度对公众核电态度的影响对核电的可持续发展十分重要。核领域的学术期刊受众主要为核行业的从业者，可以借助自身优势指导从业者开展科学有效的公众沟通，促进公众核电接受度的提高。核电公众沟通是一项通过公众宣传、公众参与和信息公开等方式保障公众权利的工作，是提升核安全管理水平的重要手段之一，是核电项目顺利推进的前置性条件，是必须完成的任务。

要正确认识和处理核电公众沟通与国家安全的关系，必须正确处理发展核电与民众安全的关系，长期以来人们谈“核”色变，把发展核电与民众安全完全对立起来，影响了国家核电发展独立性和国家安全战略正常实施。必须看到，经过科学研究、谨慎决策的合法合规项目因为谈“核”色变而无法落地开工，影响项目目标的实现。因此，必须有效地采用公众沟通办法，化解矛盾、获取信任、达成共识，通过公众沟通有效提升公众对核电安全的认知理解水平，构建起保障公众有效参与核安全管理的工作体系，让公众接受核电、信任核电，也让更多的社会监督力量参与到核安全管理中来，完成核电项目从“行政许可”到“公众认可”的转变。具体应重视以下几个方面：公众沟通与社会安全、公众沟通与经济安全、公众沟通与政治安全。

三十年来，中国各级管理组织围绕核电发展的大局，通过多种形式向社会各界宣传核电发展、核电原理、核电安全和核电应急等知识，取得了良好效果。宏观来看，核安全监管意识自上而下明显增强、法规体系逐步健全，在法律法规方面为核电公众沟通工作提供有力保障；通过借鉴国内外经验，持续探索和创新，核电公众沟通理念日益成熟和规范；核电发展的良好效果增强了公众信心，为核电公众沟通增强现实说服力、公信力。但是核电公众沟通工作依然存在着诸多问题，核电公众沟通与核电本身发展的速度尚不匹配，公众沟通工作滞后于核电发展，社会公众对于核能的认识和了解有限，部分公众心存疑虑，这些突出问题仍须引起高度重视。

四、国内外核技术利用的发展状况

国内外核技术利用的研究与开发早在 19 世纪末就开始了，但核技术利用真正形成规模则起步于 20 世纪 40 年代，其标志是 1946 年美国采用核反应堆大量生产放射性同位素取得成功，此后，核技术利用伴随着核能技术的发展而同步发展，种类繁多的核技术利用相继问世。一直到近年来，世界范围的核技术利用仍在不断的发展中。在一些发达国家已经形成了极具生命力的巨大产业，其经济规模与就业人数已经超过核电，对国家 GDP 增长产生了重要影响。现今，世界上有近九十个国家和地区开展了核技术应用的研究、开发和利用，从用于治疗肿瘤的伽马刀、中子刀到农业育种、食品保鲜、燃煤电厂烟道气处理，都应用了核技术。

中国核技术利用的创建始于 20 世纪 50 年代中期。半个多世纪以来，大体经历了开窗时期、应用研究开发时期和全面发展时期，其中 1955—1960 年是核技术应用的开创时期，这一时期核技术应用作为中国核能发展计划的一个组成部分开始起步，主要是为国防建设发展的需要服务，制定了规划，进行了人员培训，并建立了一些初步基础设施。

早期应用主要集中在放射性示踪研究、射线无损探伤和疾病的放射治疗等方面，当时的放射性同位素和密封放射源全部从国外进口。1958 年我国第一座核反应堆投入运行，第一台回旋加速器建成，并研制生产如 ^{24}Na，^{32}P 和 ^{64}Co 等三十三个品种放射性同位素，为我国放射性同位素的生产和推广应用创造了良好的起步条件。

在 20 世纪 60 年代和 70 年代适合技术应用的研究开发时期，这一期间中国放射性同位素新品的研制及其在农业、工业、医疗及科学研究等领域的应用有了不同程度的发展。同位素医用研究全面铺开，全国几乎所有的省市级医院都开展了应用放射性同位素进行诊断和治疗；核技术应用在农业领域进展显著；在工业领域，放射性同位素示踪与放射性同位素工业仪表推广到石油、冶金和化工等部门，并收到成效。

20 世纪 80 年代以来，中国核技术应用进入了一个以工业应用为重点的全面发展时期。各种类型的放射性同位素的生产不断发展，放射性同位素与辐射技术的应用遍及农业、医学，石油、煤炭、地质、冶金、水利、建材、机械、化工和造纸等部门，以及物理、化学、考古和环保等领域。到 20 世纪 90 年代，在“改革开放”“科教兴国”与可持续发展战略方针指导下，中国同位素与辐射技术在产业化发展方面取得了更加突出的进步与明显的成绩。

近年来，非核高新技术，例如微电子学、计算机、纳米材料、信息技术与生物技术的发展大大改善了同辐技术的功能与水平，使其有可能向现代科学的前沿突破。根据国家制定的《国家中长期科学和技术发展规划纲要（2006—2020 年）》的总体框架，2004 年 1 月，国家发展和改革委员会发布了组织实施“民用非动力核技术高技术产业化专项”的通知，明确了重点技术方向为：核探测成像技术系统；新型放射性诊断和治疗装置及创新药物；射线技术在环保领域的应用；应用辐射加工和材料改性；新型辐照加速器等辐照装置及同位素制品。

在中国同位素与辐射行业协会完成的《同辐技术产业化发展与对策研究报告》中，也提出了同样的发展目标，并建议把辐射化工、食品辐照、医疗保健用品和工业用电子辐射加速器等八个领域作为同位素产业化发展的重点，从根本上提高我国核技术应用产业的技术水平、产业规模和竞争能力。

2020 年 7 月，受美国核能研究所（NEI）委托，美国 UxC 咨询公司依据《IPCC 全球升温 1.5 ℃特别报告》编制的《全球核能市场评估报告》专注于核电地位提升对全球市场机遇的影响。UxC 报告指出，要实现 IPCC 的目标，到 2050 年，全球核电装机容量需达 820～855 GWe，鉴于部分在运机组将在 2050 年前关闭，因此在 2020—2050 年间，需新增 640 GWe 核电装机容量。全球核能项目累计支出预估为 8.6 万亿美元。而根据国际能源署（IEA）的预估，实现未来全球清洁能源体系目标的成本超过 67.7 万亿美元。为满足这一市场需求，到 2050 年，核能设备和技术出口将为美国带来 1.3 万亿～1.9 万亿美元的市场机遇。随着核电在缓解气候变化方面发挥越来越大的作用，全球核能市场机遇也将越来越多。

UxC 强调，必须采取各种行动来促进在运机组的延寿，以实现 2050 年 840 GWe 这一长期增长目标。这些行动包括：电力市场系统运营商应将核电纳入日益依赖间歇性可再生能源的新兴电力结构，为核电这种零排放的基荷电力提供持续的收入来源；电力公司和供应商应积极推动技术创新，提高在运机组的运行实绩；积极开展公众宣传，确保公众认识到老旧核电厂可以继续安全且经济地运行；确立合理的监管机制，确保现有机组持续保持较高的安全水平；国家政策重视在运核电厂，保证运营商能够获得足够的投资回报率和稳定的运营环境；鉴于核工业从业人员正在老龄化，需要加强人才培养，注入新鲜血液。

报告认为，核能在亚洲、东欧、非洲、中东和南美的扩张速度要比美国或西欧快，但美国供应商也将会有众多机会来扩张市场，包括大堆、小型堆等新建项目，以及反应堆维护、老旧机组退役项目等。UxC 估计：到 2050 年，非传统反应堆的市场份额可能超过 25%。随着新机组的不断投运，相应的服务市场也将迅速扩张，如工程服务、设备供应和燃料循环服务等领域。

第二节　论文写作准备

论文选题确定之后，进入资料的收集阶段，这是论文写作的准备阶段、起步阶段，也是论文写作必不可少的基础工作。全面搜集论文写作材料是论文写作过程中继选题之后的又一重要环节。在实际的写作中，往往出现以下情况：先搜集一定的材料，然后确定主题，最后再围绕论题搜集和整理相关信息；或先确定主题，然后围绕主题开展大量的材料搜集准备。在论文的写作过程中，搜集材料、积累材料、整理材料都是必不可少的，写作材料越多越好，材料不够就写不出好文章。因此，搜集论文写作材料对论文的写作有着非常重要的意义。“巧妇难为无米之炊”，没有丰富适宜的写作材料，再好的主题也会失去价值，没有实际意义。因此，在写作之前，必须搜集大量的材料，并详尽地使用这些材料。

论文写作材料的意义主要表现在以下几个方面：

首先，搜集到的写作材料应与选题是相互联系、相互影响的。一方面，在选题过程中，总是要参考大量的材料，从材料中提取较有价值的论题，然后又要利用相关的材料进行论证、分析和研究，考察其是否有写作价值，在大量材料的辅助下，经过逐层筛选，最终才确定论题。另一方面，一旦明确了写作的主题，那么，就要有意识地围绕主题搜集、选择和整理写作材料，而将那些与主题无关的材料排除掉。

其次，材料是论文写作的基础，是论文的血肉，材料的质量高低是体现论文水平的一个重要标准。从事研究工作的基础就是最大可能地占有材料，如果没有研究材料或者缺少研究材料，研究工作便无法深入。搜集、积累材料的过程，同时也就是研究深入并逐步取得进展的过程。就一篇论文而言，它的撰写过程其实就是在事实根据的基础上，通过作者的观察、实验、分析、综合，从中找出规律性的内容，并上升到理论高度的过程，这便是一篇论文的构思。材料不仅包括事实根据，而且也包括理论根据，为了方便起见，我们一般把它们称作事实材料与理论材料。对于论文的写作，这两种材料都是不可或缺的，如果光有事实材料，缺少理论材料，论文就会零乱不堪，没有主题；反之，如果只有理论材料，而没有事实材料，论文就没有说服力，显得空洞无味。

最后，材料是产生和表现主题的基础，是论文内容的基础，甚至关系到论文结构形式的选择等。当写作者确定了自己的主题后，会围绕这个主题，主动地、由浅入深地搜集和整理这方面的相关材料，其中包括有关主题的研究动向，新的研究成果，著名学者、专家的专著等。经过对材料的分析研究，就会自然而然地形成自己的见解和看法，再经过一番思考和提炼，就形成了论文的主题。论文主题的产生离不开材料。同样在一篇文章里，主题的表现也离不开材料。材料是表现主题的基础，论文主题的表现是否准确、妥当，是由内容决定的，同时也和论文的结构、语言、表达方式都有着密切的关系。但是，材料却是论文内容构成的重要因素，是表现主题最根本的东西，运用材料证明观点是写文章最基本的方法。

一、材料收集原则

论文写作收集资料要遵循这样几条原则：定向、真实、充分、新颖、及时、阶段性和读思结合。

（1）定向：确定收集范围，紧紧围绕当前课题，拟定文献收集大纲，明确收集目的、内容、时间界限和文献类别，以节省时间和精力。

（2）真实可靠：收集第一手资料，而不是经过几次转引的资料，以保证资料的准确性；把握资料的公正性和准确性。

（3）充分：① 收集资料要全面，不要只收集某一类资料；资料系统一般可分为三个层次，即基础性资料、前沿性资料和灵感性资料或触发性资料；② 收集主要的材料，而不是次要的材料，要抓住要点与特点；③ 不但要收集与自己观点一致的资料，也要收集观点不一致或与自己构思矛盾的资料。

（4）新颖：了解最新动态，收集最新资料，以免重复劳动。

（5）阶段性：收集资料要紧密结合课题研究和论文写作，论文写作是分阶段的，因而收集资料也必须坚持阶段性原则。大致来说，第一步查阅资料，是提炼观点，发现问题的阶段，第二步查阅资料是验证观点或论题是否有价值、有无新意、能不能写的阶段，第三步收集资料是编写提纲、行文的阶段，第四步收集资料是文章的修改阶段。

（6）读思结合，及时记录：融入自己的思考，作好摘录和笔记，使资料活起来；及时记录，否则常稍纵即逝，过后查阅，费时费力。

论文写作前，至少应搜集以下五个方面的材料：

（一）第一手资料

第一手资料包括与主题直接有关的文字材料、数字材料（包括图表），如统计材料、典型案例和经验总结等，还包括自己在工作时间中取得的成果等相关材料。这是论文提出论点、主张的基本依据。没有这些资料，撰写论文就只能成为毫无意义的空谈，但也切忌资料的堆积，一篇好的论文，不是资料的堆砌，而是结合众多资料提出自己的观点和思考。对第一手资料要注意及早收集，同时要注意资料的真实性、典型性、新颖性和准确性。

（二）他人的研究成果

这是指国内外对有关该课题学术研究的最近动态。撰写论文不是凭空进行的，而是在他人研究成果的基础上进行的，因此，对于他人已经解决了的问题就可以不必再花力气重复进行研究，作者和读者可以以此作为出发点，从中得到有益的启发、借鉴和指导。对于认为未解决的，或解决不圆满的问题，则可以在他人研究的基础上再继续研究和探索。切忌只顾埋头写，不管他人研究，否则，撰写的论文理性认识会远远低于前人达到的水平。

（三）边缘学科的材料

当今时代是信息时代，人类的知识体系呈现出大分化大融合的状态，传统学科的鸿沟分界逐渐被打破，出现了令人眼花缭乱的分支学科及边缘学科。努力掌握边缘学科的材料，对于所要进行的学科研究大有好处。这可以使我们研究的视野更广阔，分析的方法更多样。大量研究工作的实践表明，不懂一些边缘学科知识，不掌握一些边缘学科的材料，知识面和思路狭窄，是很难撰写出高质量的论文的。

（四）名人的有关论述，有关政策文献等

名人的论述极具权威性，对准确有力地阐述论点大有助益。对相关政策文献的采用也可以实现对论文论点的有力支撑。党的有关方针、政策既体现了社会主义现代化的实践经验，又能反映出现实工作中面临的多种问题，因此，研究一些现实问题都必须涉及和清楚这方面的相关材料，否则会出现与党的方针、政策不一致的言论，使论文出现很大的缺陷。

（五）背景材料

搜集和研究背景材料，有助于开拓思路，全面研究、提高论文的质量。

二、材料收集方法

研究一个课题，我们首先要了解该课题的历史概况、涉及的主要人物、已出版的主要书籍及代表性文章，他们的主要观点及争论的焦点，同时要密切关注相关研究机构和杂志的动态，了解当前研究的最新成果。关注当前学者的相关调查、报告、综述及其他专题资料，了解政府观点（政策、会议、讲话）、学者观点（专著、杂志、访谈、论坛）、群众观点（调查、采访报道）等，把握其观点的分歧之处及当前课题存在的问题。

常用的收集渠道：

（1）图书馆收集：包括电脑关键词检索、书目分类检索、索引工具书检索及咨询等。

（2）互联网收集：包括通过搜索网站用关键词检索。常用的关键词有：调查、报告、综述、研究所、专题、历史、论文和索引等。

（3）交流性收集：包括学术报告会、学术交流会和同行日常交流等。

然而，面对浩瀚的网络和馆藏资料，如何更快地收集到所需的信息是关键所在，以下是收集资料的基本思路：

（1）概况的线索，收集基础性资料：了解业内相关领域学者、专家的重要观点及代表作品，然后根据其文献中提及的重要人物和著作进行追踪查询。

（2）报刊的线索，收集最新的资料：跟踪阅读几份重要的报刊杂志，关注行业内的动态，如《核安全》《核技术》《核动力工程》《原子能科学技术》《核科学与工程》《中国核电》和《辐射防护通讯》等。

（3）网络媒体的线索，收集前沿性资料：通过专业搜索网站、网站推荐链接等检索国内外关注该课题的知名网络。① 论文网：搜索历年的论文资料，了解学术动态，如中国知网（www.cnki.net）等；② 研究机构网站：进入我国的高校、研究所、相关专家的专业或专题网站、商业培训或教学辅导网站进行检索；借用网站收集的专题资料及研究成果，了解跟踪当前的研究动态；③ 政府网站：进入政府相关网站搜索政策法规及专题信息等；④ 海外网站：进入海外的相关网站及学者论坛等进行检索，捕捉相关资料或不同观点；⑤ 新闻媒体网站：进入电视、广播和报纸等主流媒体网站，收集相关的重大新闻、事件、讲话及评论等；⑥ 网络图书馆：进入国家重点图书馆及书库网络，弥补本地图书馆资料不足的缺陷；⑦ 出版社和书店网络：进入出版社和书店网站，了解最新出版的图书信息。

（4）工具书线索，收集充分的资料：如索引书目、文摘、其他参考工具书如相关教材、文献汇编、表谱和图录等，查找相关文献。

文献材料的收集方法有以下几种：

（1）索引逆查法：在使用索引工具书查询文献资料时，常采用逆查法，按课题检索的时间范围，由近及远地查找文献，适用于全面获得资料。

（2）引文追溯法：以检索到与课题相关的一批文献为起点，通过这些文献的引文、注释以及附录参考文献为线索进行追踪查找，适用于文献线索很少的情况，其缺点是获得的文献往往不全面。

（3）网络搜索法：充分利用搜索网站、书库网站、中外网络图书馆网站和论文网站等，对资料的资料号、标题、作者、摘要和附录等，作分类检索、模糊检索、转化检索、英文检索。

写作材料的收集主要包括以下阶段：

（1）粗略搜集：数据采集是一项系统性较强的工作，不同时期的工作内容和要求是不同的。在最初的资料收集，有必要将论文的主题作为参考。充分利用各大权威数据库和文献系统广泛收集相关信息，数据的质量并不重要，重要的是来源的可靠性和与主题的相关性，只有这样才能为论文的检测提供保障。

（2）全范围搜集：如果收集资料时目的要明确，那么首先要全面收集各种数据，对当前的研究状况有一个宏观的了解。然后选择感兴趣和擅长的主题，在确定主题后对数据进行过滤，这样可以节省大量的时间，并且能大大提高论文的通过率。

（3）多样化搜集：资料的收集不仅限于书面材料，图片、表格等非书面材料也很重要。工科类论文比较实用，涉及大量的数据、表格和案例。因此，有必要对各种类型的信息和数据进行多样化的收集。如果选定的主题被确定，则可以直接检查图表数据。

（4）全面搜集：资料包括第一手资料和第二手资料，前者是从实地调查和研究中获得的资料，后者是他人提供的资料，两者都具有参考价值。一般来说，实践性和严谨性要求较高的论文往往是第一手资料。但是，如果来源是权威的，内容是真实的，那么二手材料也是非常有效的。

三、材料整理与记录

对搜集到的资料进行整理的过程实质上是对资料的辨析过程，这里有几方面工作是不可缺少的。

（1）辨析资料的适用性。选择资料的依据只能是作者所要阐明的中心论点，什么资料可用，什么资料不能用，都要根据这个中心论点决定。论文的中心论点已经确定之后，它就是统筹论文相关内容呈现的关键，资料必须为中心论点服务，把不能充分说明问题的资料搬到文章中作牵强附会的解释只会适得其反，使得文章臃肿繁杂，中心反而不突出，还使得篇幅过大，影响论文质量。

（2）辨析资料的全面性。如果材料不全面，缺少了某一方面的材料，论文的叙述也往往不圆满，存在很大的漏洞，或由于证据不足而难以自圆其说。不全面的资料也使得论文的论点出现偏颇。

（3）辨析资料的真实性。资料真实与否直接关系着论文的成败。只有从真实可靠的资料中才能引出科学的结论，在这方面要注意：

（1）要尊重客观事实，避免先入为主的思想，选择资料不能夹杂个人的好恶与偏见，不能歪曲资料本来的客观性；（2）选择资料来源要有根据，采用的第一手资料要有来源，选取的第二手资料一定要与原始文献认真核对，以求得最大的准确性；（3）对资料来源要加以辨别，弄清原作者的政治态度、生活背景、写作意图，并加以客观的分析评价。

（4）辨析资料是否新颖。所谓新颖的资料包括两方面的含义：一方面是指前所未有；另一方面是指近期才出现的新事物、新思想、新发现、新方向。

（5）辨析资料的典型性。所谓资料的典型性就是指这种材料对于它所证实的理性认知来说具有充分的代表性。

材料的具体记录包括以下内容：

（1）标记或眉批：在精读著作上的空白处写上自己的见解、评语、解释或质疑；在重点、难点、精彩处画上各种记号。

（2）抄录或复印：在笔记本上记下原文的重要处、精彩处或重要的材料，以作自己今后写作时论证、引证之用。摘录时要注明出处，包括主要责任人或作者，书名或篇名，出版地及出版社、出版时间或杂志卷期、页码等。

（3）提纲：把原文的基本内容、主题、观点，独到之处、精彩之处等，用自己的话加以概括，应注明思想来源同上。

（4）札记和作文献综述：随时记下自己读书时的心得体会和引发的各种思考。作文献综述是对文献经过阅读、思考，形成了自己的看法，把这些看法用自己的话表达出来的过程。

四、参考文献检索方法

与文章内容关联性较强且有参考意义的文献材料往往应在文中给出标注，使得文章更全面、具体。下面介绍查找文献的基本检索方法。

首先要确定关键词，使用目的性明确的关键词非常重要。围绕主题确定几个重要概念，其次根据每个概念确定相关的关键词。接下来，根据关键词及各关键词的同义词和替代词进行检索，另外，也可以使用准备在论文中呈现的专业术语进行检索。

开始文献检索时可能需要检索多个学术数据库以确保涵盖所有的论文。由于各数据库数据来源及确定索引期刊文章的过程不同，仅局限于检索一个数据库可能会遗漏相关文章。检索引文时，如果找到了某些相关的期刊文章，则查找更多研究的简单方法就是查看这些论文所列出的参考文献（反向检索）。这些参考研究文献很可能与论文的主题相关。另外，还可以检索这些文章发表后引用了这些文章作为参考文献的已发表论文，通过这一途径可以找到以这些文章为基础的更新的研究论文。

在检索的过程中，应及时保存检索结果的书面记录，记录检索时经常遇到的期刊名称。随着时间的积累，可以熟悉掌握本领域最有影响及可以考虑发表论文的期刊。另外，应保存获得最好检索结果的关键词和关键词组合表。这不仅会减少其他检索的时间，而且还会获得本领域常用的术语表。

善于使用文献管理工具，一篇论文可能会需要筛选和跟踪大量的研究文献，因此手动编辑文献显得耗时费力，应妥善使用文献管理工具，将论文从期刊网站下载并保存到资料库中。文献管理工具还可以组织资料库及编辑文献列表。

另一个有价值的信息来源是会议文献，会议文献可提供研究课题相关的最新成果与论述。在论文中引用时需要特别审慎，必须确保所引用的研究的科学性能经得起反复审查。

文献检索的方法有：直接法、顺查法、倒查法、抽查法、追溯法、循环法。

（1）直接法：又称常用法，是指直接利用检索系统（工具）检索文献信息的方法。它又分为顺查法、倒查法和抽查法。

（2）顺查法：顺查法是指按照时间的顺序，由远及近地利用检索系统进行文献信息检索的方法。这种方法能收集到某一课题的系统文献，它适用于较大课题的文献检索。例如，已知某课题的起始年代，需要了解其发展的全过程，就可以用顺查法从最初的年代开始查找。

（3）倒查法：倒查法是由近及远，从新到旧，逆着时间的顺序利用检索工具进行文献检索的方法。使用这种方法可以最快地获得最新资料。

（4）抽查法：抽查法是指针对项目的特点，选择有关该项目的文献信息最可能出现或最多出现的时间段，利用检索工具进行重点检索的方法。

（5）追溯法：是指不利用一般的检索系统，而是利用文献后面所列的参考文献，逐一追查原文（被引用文献），然后再从这些原文后所列的参考文献目录逐一扩大文献信息范围，一环扣一环地追查下去的方法。它可以像滚雪球一样，依据文献间的引用关系，获得更好的检索结果。

（6）循环法：又称分段法或综合法。它是分期交替使用直接法和追溯法，以期取长补短，相互配合，获得更好的检索结果。

第三节 写作注意事项

科技论文的基础是科学研究的成果及其素材，只有从事科学研究并取得新的成果者才能写出科技论文，这是我们讨论问题的前提。也就是说，科技论文只是我们从事实践的、理论的或观察的科研工作所取得的结果。因此可以这样定义：科技论文是科技工作者对创造性研究成果进行理论分析和科学总结，并得以公开发表的科技写作文体。一篇科技论文除了具有科学性、首创性和逻辑性外，应该按规范格式和要求来撰写，同时在表达方面力求有较高的可读性，才能被相应的期刊杂志接受，得以有效发表。一篇高质量的论文，在政治导向、学术价值、稿件内容和文章结构等方面都应处理得当。政治上，要考虑有无政治性错误，若存在有保密问题的内容，首先要保证文章内容未泄密；学术上，要尽量保证较高的学术水平，学术水平较高的稿件是各期刊及读者喜闻乐见的，因此也建议作者在学术上多思考；内容上，同类型题材的稿件中，文章是否有新的贡献、新的改进则作为基本考量，重复内容较多、内容质量一般的稿件往往退稿率也较高；文章组织上，要做到简洁明了，文理通顺，对于篇幅较长且与论文内容偏离的文字应适当删减。

一、论文查重

当下研究论文的发表量呈爆炸式增长，不能排除自己的研究课题在最新发表论文中已被解决的可能性。期刊拒稿最常见的原因之一是某项研究与已发表的论文相重复。了解领域内发表论文的最新信息并使用结构化的检索方法查找文献，以确保自己不会忽略已发表的相似论文非常重要。

论文通常是由题目、摘要、各部分章节和总结等部分组成，正文部分是查重的主要部分，是最为重要的，进行论文查重的直接目的就是为了检测出论文的重复率，从论文重复率是能够判定出论文中存在的学术不端行为严重程度的。论文重复率越高，期刊拒稿的可能性越大，因此在论文完成后应及时查重，以确保论文中不存在学术不端行为，使得后面投稿、发表过程更为顺利。论文查重还会查参考文献等，格式和参考文献不规范的话会对论文查重结果造成不良影响。

二、题目

标题是文章的眉目，是连接文章和读者的桥梁。标题直接定位了这篇论文的研究领域，研究价值，并将直接影响到论文的质量和引用量。题目的拟定要坚持“意惟其多，字惟其少”的原则，首先要明确，要能够揭示论题范围或论点，使人看了标题便知晓文章的大体轮廓、所论述的主要内容及作者的写作意图，而不能似是而非，藏头露尾；其次要简练，论文的标题不宜过长，过长了容易使人产生烦琐和累赘的感觉，不能有一个直观的印象，从而影响对文章的总体评价，标题也不能过于抽象、空洞，最忌词不达意，也不能采用非常用的或生造的词汇，以免使读者产生误解，另外标题中应尽量减少英文缩写的使用；标题应有自己的独特之处，与其他同类论文相区别，切记不能与已有文章重复；标题是文章总体内容的体现，因此如果文章题目起得太大，也不利于正文的撰写，题目的拟定应与正文相呼应。

三、中文摘要

摘要的作用是使读者不阅读论文全文即能获得必要的信息；为科技情报文献检索数据库的建设和维护提供方便；论文发表后，杂志或各种数据库对摘要可以直接利用，论文摘要的索引是读者检索文献的重要工具。所以论文摘要的质量高低直接影响着论文的被检索率和被引频次。

论文摘要是对论文的内容不加注释和评论的简短陈述，是以提供文献内容梗概为目的，不加评论和补充解释，简明、确切地记述文献重要内容的短文。具体地讲就是研究工作的主要对象和范围，采用的手段和方法，得出的结果和重要的结论，有时也包括具有情报价值的其它重要的信息。论文摘要的撰写通常在整篇论文将近完稿期间开始，以期能包括所有的内容。但也可以提早写作，然后视研究的进度作适当修改。中文摘要一般不宜超过 300 字，外文摘要不宜超过 250 个实词。论文摘要写作时应注意下列事项：

（1）整理写作的材料，使其能在最小的空间下提供最大的信息面。不要为扩充版面将不重要的叙述放入摘要中。

（2）用第三人称。建议采用“对……进行了研究”“报告了……现状”“进行了……调查”等记述方法标明文献的性质和文献主题，不必使用“本文”“作者”等作为主语。

（3）要使用规范化的名词术语，不用非公知公用的符号和术语。若涉及新术语或尚无合适汉文术语的，可用原文或译出后加括号注明原文。避免使用成语、俗语或不必要的技术性用语。

（4）除了实在无法变通以外，一般不用数学公式和化学结构式，不出现插图、表格，不要将文中的数据大量地列于摘要中，更不要将在文章中未提过的数据放在摘要中。

（5）不用引文，除非该文献证实或否定了他人已出版的著作。

（6）缩略语、略称、代号，除了相邻专业的读者也能清楚理解的以外，在首次出现时必须加以说明。科技论文写作时应注意的其他事项，如采用法定计量单位、正确使用语言文字和标点符号等，也同样适用于摘要的编写。

摘要撰写前，明确写出目的、方法、结果和结论四部分。目的：简明指出此项工作的目的，研究的范围；方法：简要说明研究课题的基本做法，包括对象、方法等；结果：简要列出主要结果、数据和意义等，并说明其价值和局限性；结论：简要说明从该项研究结果取得的正确观点、理论意义或实用价值。

四、技术方法与实验结果

论文中提到的技术方法和实验结果作为论文的主体，应在写作中给予高度重视。各个期刊在稿件内容审查的时候也会比较关注这些方面的内容。技术方法主要简述研究所用原理、条件、材料、对象和方法，其是否有创新的内容、有新的改进是判断论文质量的重要标准之一，是否精确可靠也是衡量文章质量的关键。如果论文中提出的技术方法在现有的技术中无任何改进，那么论文将失去其存在的意义，同样，也要杜绝论文中出现的不可信的技术方法。对于实验的、研究的结果及经统计学处理后的数据等，要尽可能提出新的成果和见解，同时确保实验结果明确可信，切忌不够确切、模棱两可甚至存在疑问的实验结果。

五、数据处理

论文中常用的几种数据分析方法有描述统计、假设检验、信度分析、相关分析、方差分析、回归分析、因子分析和时间序列分析等，根据具体的分析方法制作相应的图表并进行分析。论文中出现的数据应确保其可信度，对于需要计算的数据，应保证数据计算的准确性。

六、图表

论文中出现的图表首先要与论文的内容相符，其次要考虑图表之间的关系，表达意思相近的图表应作合并，避免不必要的重复。图表在论文中存在的意义是：真实、准确地展示和反映数据；直观、高效地表达复杂的数据和观点；启发思考数据的本质，分析数据揭示的规律；通过较小的空间承载较多的信息。图侧重于表现关联、趋势和因果关系等；表侧重数字、描述，适用于数据较多的情况，但缺乏趋势分析。

文图的类型包括：照片、其他纪实图像等记录性图片；线形图、条形图和散点图等定量图；示意图、流程图等解释性图；地图，在地图的使用中要反复确认是否符合地图的使用规范。表格的基本结构包括序号、标题；项目栏；标题；脚注；顶线、栏目线、底线（当前大多数论文采用三线表）。

图表使用的注意事项：

（1）对于图表中必须出现的英文，建议给出中文翻译，采用三线表，对于类型内容详尽的图表应尽可能地融合在同一个表当中，便于比较分析，给读者直观的表述。

（2）图表中的横纵坐标及其单位需要统一格式和标准。

（3）图表应该简洁、清晰、突出重点，不能断章取义、歪曲数据。

（4）图表中应充分显示数据，避免数据丢失和缺少情况。

七、讨论部分及结论

科技论文的讨论是对获得的科研资料进行分析、比较、揭示、评价、综合判断，从而得出的具有独特性或创新性结论的推理论证过程，其目的是为最终的结论提供理论依据，可对全篇论文起到画龙点睛的作用。读者通过论文的讨论了解论文的价值及其意义，明确还存在的问题及其研究方向。讨论的写作需要可靠的论据、有力的论证、明确的论点和准确的表达。讨论部分是作者运用创造性和逻辑性思维，对试验结果或研究成果的深入讨论，从而显露出更加真实的规律性和本质性的内容。讨论部分应避免内容重复及离题过远，要简洁、突出地提出明确的论点。

结论是对全文的总结，由实验、研究结果和讨论部分得出最后的结论。结论的作用是说明结果适用的范围，叙述结果的意义，对该项研究工作的展望。写结论常见的不足是内容与摘要和讨论的内容相重复，有的结论写得冗长啰嗦，有的用词缺乏准确性或言过其实，结论应做到准确、完整、明确和精炼。

八、参考文献

参考文献的格式与标准在前文中有详细的介绍，在写作中注意写作规范，此处不作过多赘述。参考文献的具体内容应与文章中具体描述的内容一一对应，以便读者在阅读论文的同时查找相关信息，同时参考文献也对论文内容起到补充说明的作用，一篇论文的体量有限，往往不能同时涵盖研究方法和所使用的标准体系，以及同行业的相关研究，参考文献的引用不仅可以给论文中出现的一些结论性文字提供出处，同时还是研究方法及专业领域相关知识的补充分享。

九、英文摘要

论文中除了中文摘要，有些为了国际交流，还有外文（多用英文）摘要。它是论文内容不加注释和评论的简短陈述。英文摘要前需标明英文文题、作者姓名及作者单位（邮政编码），其内容包含题名、摘要及关键词。GB 7713—87 规定，为了国际交流，科学技术报告、学位论文和学术论文应附有外文（多用英文）摘要。原则上讲，以上中文摘要编写的注意事项都适用于英文摘要，但英语有其自己的表达方式、语言习惯，在撰写英文摘要时应特别注意。

（一）英文题名

（1）题名的结构。英文题名以短语为主要形式，尤以名词短语（noun phrase）最常见，即题名基本上由一个或几个名词加上其前置和（或）后置定语构成。例如：The Role of Experience Feedback in the Construction of Nuclear Power Plant（经验反馈在核电厂建设过程中的应用）；Study on Movement Characteristics of Spray Droplets Under Rolling Condition（摇摆条件下喷淋液滴运动特性研究）。短语型题名要确定好中心词，再进行前后修饰。各个词的顺序很重要，词序不当会导致表达不准。题名一般不应是陈述句，因为题名主要起标示作用，而陈述句容易使题名具有判断式的语义，且陈述句不够精练和醒目，重点也不易突出。少数情况（评述性、综述性和驳斥性）下可以用疑问句作题名。

（2）题名的字数。题名不应过长，国外科技期刊一般对题名字数有所限制。例如，美国医学会规定题名不超过两行，每行不超过四十二个印刷符号和空格；英国数学会要求题名不超过十二个词。这些规定可供我们参考。总的原则是，题名应确切、简练、醒目，在能准确反映论文特定内容的前提下，题名词数越少越好。

（3）中英文题名的一致性。同一篇论文，其英文题名与中文题名在内容上应一致，但不等于说词语要一一对应。在许多情况下，个别非实质性的词可以省略或变动。

（4）题名中的大小写。每个词的首字母大写，但三个或四个字母以下的冠词、连词、介词全部小写；或者题名第一个词的首字母大写，其余字母均小写。

（5）题名中的缩略词语。已得到整个科技界或本行业科技人员公认的缩略词语才可用于题名中，否则不要轻易使用。

（二）作者与作者单位的英译

（1）作者。中国人名按汉语拼音拼写；其他非英语国家人名按作者自己提供的罗马字母拼法拼写。

（2）单位。单位名称要写全（由小到大），并附地址和邮政编码，确保联系方便。另外，单位英译一定要采用本单位统一的译法。

（三）注意事项

（1）英文摘要的时态。英文摘要时态的运用也以简练为佳，常用一般现在时、一般过去时，少用现在完成时、过去完成时，进行时态和其他复合时态基本不用。用于说明研究目的、叙述研究内容、描述结果、得出结论，以及提出建议或讨论等使用一般现在时，涉及公认事实、自然规律和永恒真理等，也要用一般现在时；叙述过去某一时间的发现、某一研究过程使用一般过去时，用一般过去时描述的发现、现象等往往是尚不能确认的自然规律，一般过去时所描述的研究过程也带有过去时间的痕迹；完成时少用，但不是不用，过去完成时可用来表示过去某一时间以前已经完成的事情，或在一个过去事情完成之前就已完成的另一过去行为。

（2）英文摘要的语态。采用何种语态既要考虑摘要的特点，又要满足表达的需要。一篇摘要很短，尽量不要随便混用，更不要在一个句子里混用。主动语态有助于文字清晰、简洁的表达；被动语态较为常用，科技论文主要是说明事实经过，至于那件事是谁做的，则无须一一证明。事实上，在指示性摘要中，为强调动作承受者，还是采用被动语态较好。

（四）应避免一些常见的错误

（1）冠词。主要是定冠词 the 易被漏用。the 用于表示整个群体、分类、时间、地名以外的独一无二的事物，以及形容词最高级等较易掌握，用于特指时常被漏用。

（2）数词，避免用阿拉伯数字作首词。

（3）单复数，一些名词单复数形式不易辨认，从而造成谓语形式出错。

（4）尽量使用短句，长句容易造成语义不清，但要避免单调和重复。科技期刊涉及专业多，英文更是不易掌握，各行各业甚至表达方式、遣词造句都有区别。平日可以多看英文文献，也会有助于英文写作及水平的提高。

第三章　科技论文编排格式的具体要求

第一节　题　名

题名是论文的总纲，是能反映论文最重要的特定内容的最恰当、最简明的词语的逻辑组合。

第一，题名应准确得体。应以最恰当的词语反映论文的特定内容，把论文的主题明白无误地告诉读者，并且起到画龙点睛、引起读者阅读兴趣的作用。题名的用词十分重要，它直接关系到读者对论文取舍的态度，务必字字斟酌。题名不能使用笼统和华而不实的词语，一般也不用主、谓、宾齐全的完整句子，而用以名词性词组作中心语的偏正词组，并切忌将题名写成标语口号。

第二，题名应简短精炼。《科学技术报告、学位论文和学术论文的编写格式》（GB/T 7713—1987）规定，论文题名一般不超过三十个字。在拟定题名或编辑加工时，应删去多余的词语，避免存在无用的字和词。这是为了醒目，便于记忆和引用。使用简短的题名而语意未尽时，或系列工作分篇报道时，可借助副题名，以补充题名之不足。

第三，题名应便于检索。题名所用的词语必须有助于选定关键词和编制题录、索引等二次文献，以便为检索提供特定的实用信息。这就要求题名中一定要有反映论文特定内容的关键词，关键词多一些更好。

第四，题名应容易认读。题名中应当避免使用数学公式、化学结构式，以及非共知共用的缩略词、首字母缩写词、字符和代号等。

第二节　署　名

作者在自己撰写的论文中署名有以下三个方面的意义：（1）作为拥有著作权的声明；（2）表示文责自负的承诺；（3）便于读者同作者联系。

署名者只限于那些参与选定研究课题和制定研究方案、直接参加全部或主要部分研究工作并作出主要贡献，以及参加论文撰写并能对内容负责，同时对论文具有答辩能力的人员。仅参加部分工作的合作者、某一项测试任务的承担者，以及接受委托进行分析检验和观察的辅助人员等均不应署名。

对于个人研究成果，应署个人名；对于集体的研究成果，应署集体名（一般应署作者姓名，不宜署课题组或机构名称）。署集体名时，应按对研究工作的贡献大小排列位次。

作者姓名可以是真实姓名，也可以是笔名。作者工作单位应写全称，还要写上工作单位所在城市名和邮政编码。

第三节　摘　要

摘要是现代科技论文的必要附加部分，只有极短的文章才能省略摘要。它是帮助读者从浩瀚的信息海洋中能较快、较准地找到他们所需要的科技信息的一种有效工具。

根据《文摘编写规则》（GB/T 6447—86）所给的定义，摘要是以提供文献内容梗概为目的，不加评论和解释，简明、确切地记述文献重要内容的短文。

按不同功能来划分，摘要大致有如下三种类型。

一、报道性摘要。即资料性摘要或情报性摘要。它用来报道论文作者的主要研究成果，向读者提供论文中全部创新内容和尽可能多的定量或定性的信息。这种摘要尤其适用于试验研究和专题研究类论文，多为学术性期刊所采用。篇幅以200～300字为宜。

二、指示性摘要。即概述性摘要或简介性摘要。它只简要地介绍论文的论题，或者概括地表述研究的目的，仅使读者对论文的主要内容有一个概括的了解。篇幅以 50～100 字为宜。

三、报道—指示性摘要。是以报道性摘要的形式表述论文中价值最高的那部分内容，其余部分则以指示性摘要形式表达。篇幅以 100～200 字为宜。

一般的科技论文应尽可能采用报道性摘要，而综述性、资料性和评论性论文可采用指示性或报道—指示性摘要。

摘要中应写的内容一般包括研究工作的目的、方法、结果和结论，重点是结果和结论。

在具体行文时，“目的”“方法”“结果”“结论”等哪项应详写，哪项可略写，还有“研究的背景”“成果的意义”等写不写，如何写，是因文而异的，不必千篇一律。

根据有关规定，笔者把摘要编写要求归纳成如下几点。

一、省略“我们”“作者”“笔者”“本文”这样的主语。

二、简短精练，明确具体。简短，指篇幅短，一般要求 50～300 字（依摘要类型而定）；精炼，指摘录出原文的精华，无多余的话；明确具体，指表意明白，不含糊，无空乏、笼统的词语，应有较多而有用的定性和定量的信息。

三、一般不要交代背景，更不要阐述一般性知识。

四、格式要规范，尽可能用规范术语，不用非共知共用的符号和术语。不得简单地重复题名中已有的信息，并切忌以罗列段落标题来代替摘要。除了实在无变通办法可用以外，一般不出现插图、表格，以及参考文献序号，一般不用数学公式和化学结构式，不分段。

摘要一般置于作者及其工作单位之后，关键词之前。

第四节　关键词

关键词是论文的检索标志，是表达文献主题概念的自然语言词汇，一般是词和词组。

科技论文的关键词是从其题名、摘要和正文中选出来的。

发表的论文不标注关键词，读者就检索不到，文献数据库也不会收录；关键词选用不当，就会降低论文的被检率，甚至检索不到。

关键词包括三部分：（1）叙词（正式主题词），经过规范化的并收入《中国分类主题词表》（《中国分类主题词表》是在《中图法》编委会的主持下编制的一部大型文献标引工具书，最新修订版已于2005年9月出版）中的词或词组；（2）非正式主题词（《中国分类主题词表》中词的上位词+下位词+替代词）；（3）自由词（标引需要但主题词表中找不到的词）。

每篇论文中应专门列出3～8个关键词，其中叙词应尽可能多一些。

关键词作为论文的组成部分，置于摘要段之后。

第五节　引　言

论文的引言又叫绪论。要写得自然、概括、简洁、确切。

引言中要写的内容大致有如下几项：（1）研究的理由、目的和背景；（2）理论依据、实验基础和研究方法；（3）预期的成果及其作用和意义。

引言的写作要求是：（1）开门见山，不绕圈子，注意一起笔就切题，不能铺垫太远；（2）言简意赅，突出重点；（3）尊重科学，不落俗套。

引言中要求写的内容较多，而篇幅有限，这就需要根据研究课题的具体情况确定阐述重点。共知的、前人文献中已有的不必细写。主要写好研究的理由和目的，使读者对论文先有一个总体的了解。

第六节　正　文

正文即论证部分，是论文的核心部分。论文的论点、论据和论证都在这里阐述，因此，它要占主要篇幅。

由于论文作者的研究工作涉及学科、选题、研究对象和研究方法、工作进程、结果表达方式等，差异很大，所以对正文要写的内容不能作统一规定；但是，总的思路和结构安排应当符合“提出论点，通过论据来对论点加以论证”这一共同的要求。

论文的三大要素如下：

一、论点。包括总论点和分论点，总论点即主题。对科技论文主题的基本要求是：正确、新颖、深刻、鲜明、集中。

二、论据。即材料，包括事实、数据和被实践证明是正确的真理。对材料的要求是：必要而充分；真实而准确；典型而新颖。

三、论证。指用论据来证明论点的推理过程，其作用是说服读者相信作者论题的正确性，即以理服人。

对正文部分的具体要求有如下几点：（1）论点明确，论据充分，论证合理；（2）事实准确，数据准确，计算准确，语言准确；（3）内容丰富，文字简练，避免重复、繁琐；（4）条例清楚，逻辑性强，表达形式与内容相适应；（5）不泄密，对需保密的资料应作技术处理。

正文一般可分几章来写，每章需列什么标题，没有统一的要求，可根据需要决定，但大体上可有以下几个部分（以试验研究报告类为例）：

一、理论分析。包括论证的理论依据，对所作的假设及其合理性的阐述，对分析方法的说明。其要点是，假说、前提条件、分析的对象、使用的理论、分析的方法和计算的过程等。写作时应注意区别哪些是已知的（前人已有的），哪些是作者首次提出来的，哪些是经作者改进的，须交代清楚。

二、实验材料和方法。材料的表达主要指对材料的来源、性质和数量，以及材料的选取和处理等事项的阐述。方法的表达主要指实验的仪器、设备，以及实验条件和测试方法等事项的阐述。

写作要点是：实验对象，实验材料的名称、来源、性质、数量、选取方法和处理方法，实验目的，使用的仪器、设备（包括型号、名称、生产厂家、测量范围和精度等），实验及测定的方法和过程，出现的问题和采取的措施等。

材料和方法的阐述必须具体，真实。如果是采用前人的，只须注明出处；自己提出的，应详细说明，必要时可用示意图、方框图和照片等配合表述。

由于科学技术研究成果必须接受检验，介绍清楚这些内容，目的在于使人能够重复操作。

三、实验结果及其分析。这是论文的价值所在，是论文的关键部分。它包括给出结果并对结果进行定量或定性分析。

写作的要点是：以绘图或列表等手段整理实验结果，通过数理统计和误差分析说明结果的可靠性、再现性和普遍性，进行实验结果与理论计算结果的比较，说明结果的适用对象和范围，分析不符合预见的现象和数据，检验理论分析的正确性等。

四、结果的讨论。目的在于阐述结果的意义，说明与前人结果不同的原因，根据研究结果继续阐发作者自己的见解。

写作的要点是：解释所取得的研究成果，说明成果的意义，指出自己成果与前人成果或观点的异同，讨论尚未定论之处和预想相反的结果，提出研究的方向和问题。最主要的是突出新发现、新发明，说明研究结果的必要性或偶然性。

第七节　结论和建议

结论又称结束语、结语。它是在理论分析和实验验证的基础上，通过严密的逻辑推理而得出的富有创造性、指导性、经验性的结果描述。它又以自身的条理性、明确性、客观性反映了论文或研究成果的价值。结论和引言相呼应，同摘要一样，其作用是便于读者阅读和为二次文献作者提供依据。

其内容要点如下：（1）本研究结果说明了什么问题，得出了什么规律性的东西，解决了什么理论或实际问题；（2）对前人有关本问题的看法进行了哪些检验，哪些与本研究结果一致，哪些不一致，作者进行了哪些修正、补充、发展或否定；（3）本研究的不足之处或遗留问题。

对于某一篇论文的“结论”，上述要点（1）是必需的，而（2）和（3）视论文的具体内容可以有，也可以没有；如果不可能导出结论，也可以没有结论而进行必要的讨论。

撰写的结论应达到如下要求：（1）概括准确，措辞严谨；（2）明确具体，简短精炼；（3）不作自我评价。

第八节 致 谢

现代科学技术研究往往不是一个人能单独完成的，而需要他人的合作与帮助，因此，当研究成果以论文形式发表时，作者应对他人的劳动给以充分肯定，并表示对他们的感谢。

致谢的对象是对本研究直接提供过资金、设备、人力及文献资料等支持和帮助的所有团体和个人。

“致谢”可以列出标题并冠以序号，放在“结论”之后，也可不列标题，空一行置于“结论”之后。

对被感谢者不要直书姓名，而应冠以敬称，如“某教授”“某博士”等，尤其要注意不可把他们的工作单位和姓名写错。表示感谢的词语要体现诚恳的态度和热忱的心情，但不能使人有轻浮、吹嘘的感觉。

第九节 参考文献

所谓“参考文献”，是指“文后参考文献”。其概念是为撰写论文、著作而引用的有关文献信息资源。按规定，在科技论文中，凡是引用前人（包括作者自己过去）已发表的文献中的观点、数据和材料等，都要对它们在文中出现的地方予以标明，并在文末列出参考文献表。这项工作叫作参考文献著录。

一、参考文献著录的目的和作用

（1）参考文献著录可以反映作者的科学态度和论文具有真实、广泛的科学依据，也反映出该论文的起点和深度。

（2）参考文献著录能方便地把本论文作者的成果与前人的成果区别开来。

（3）参考文献著录有利于节省篇幅。

（4）参考文献著录能起索引作用。

（5）参考文献著录有助于通过引文分析对期刊水平作出客观

评价。

（6）参考文献著录有助于科技情报人员进行情报研究和文献计量学研究。

二、参考文献著录的原则

（1）只著录最必要、最新的文献。

（2）著录的文献一般为正式出版物。

（3）采用标准化的著录格式。

三、参考文献著录的方法和要求

依据是《信息与文献—参考文献著录规则》（GB/T 7714—2005）。国标推荐两种著录制度，即顺序编码制和著者—出版年制。我国科技期刊大多采用顺序编码制，也有少量期刊采用著者—出版年制。

四、顺序编码制的几种主要文献的著录格式

这里主要介绍专著、专著中的析出文献、连续出版物中的析出文献、专利文献、电子文献的著录格式。

（1）专著。指以单行本或多卷册形式在限定期限内出版的非连续出版物，包括图书、古籍、学位论文、技术报告、会议文集、多卷书和丛书等。其著录格式如下：

[序号] 主要责任者.题名：其他题名信息 [文献类型标志（电子文献必备，其他文献任选，下同）].其他责任者（任选）.版本项.出版地：出版者，出版年：引文页码 [引用日期（联机文献必备，其他文献任选，下同）].获取和访问路径（联机文献必备，下同）.

示例：

[1] 广西壮族自治区林业厅.广西自然保护区[M].北京：中国林业出版社，1993.

[2] 赵耀东.新时代的工业工程师[M/OL].台北：天下文化出版社，1998：[1998-09-26]. http://www.ie.nthu.edu.tw/info/ie.newie.htm.

（2）专著中的析出文献。其著录格式如下：

[序号] 析出文献主要责任者.析出文献题名[文献类型标志].析

出其他责任者//专著主要责任者.专著题名.出版地：出版者，出版年：析出的页码[引用日期].获取和访问路径.

示例：

[1] 白书农.植物开花研究[M]//李承森.植物科学进展. 北京：高等教育出版社，1998：146-163.

（3）连续出版物（期刊、报纸）中的析出文献。其著录格式如下：

[序号] 析出文献主要责任者.析出文献题名[文献类型标志].连续出版物题名：其他题名信息，年，卷（期）：页码 [引用日期].获取和访问路径.

示例：

[1] 张旭，张通和，易钟珍，等.采用磁过滤 MEVVA 源制备类金刚石膜的研究[J]. 北京师范大学学报：自然科学版，2002，38（3）：478-481.

（4）专利文献。其著录格式如下：

[序号] 专利申请者或所有者.专利题名：专利国别，专利号[文献类型标志].公告日期或公开日期[引用日期].获取和访问路径.

示例：

[1] 河北绿洲生态环境科技有限责任公司.一种荒漠化地区生态植被综合培育种植方法：中国，0129210.5[P/OL].2001-10-24 [2002-05-28].http://221.152.9.47/sipoasp/zlijs/hyjs-yx-new.asp?recid=01129210.5&leixin.

（5）电子文献。电子图书以及电子图书、电子报刊中析出文献的著录格式分别按上述的有关规则处理。除此而外的电子文献的著录格式如下：

[序号]主要责任者.题名：其他题名信息[文献类型标志/文献载体标志].出版地：出版者，出版年（更新或修改日期）[引用日期].获取和访问路径.

示例：

[1] 江向东.互联网环境下的信息处理与图书管理系统解决方案[J/OL].情报学报，1999，18（2）：4 [2000-01-18]. http//www.chinainfo.gov.cn/periodical/qbxb/qbxb990203.

五、参考文献著录的注意事项

（1）正文中参考文献的标注要正确。

① 用阿拉伯数字顺序编码的文献序号不能错乱。多次引用同一作者的同一文献，只编一个首次引用的序号。

② 文献表中的序号与正文中的要一一对应。

（2）文后参考文献表的标题为“参考文献”，不要用“参考资料”“主要参考文献”等。

（3）参考文献表中原则上要求用文献本身的文字著录。每条文献的著录信息源是被著录文献本身。专著、论文集、科技报告、学位论文和专利文献等可依据书名页、版本记录页和封面等主要信息源著录各个项目；专著、论文集中析出的篇章及报刊上的文章依据参考文献本身著录析出文献的信息，并依据主要信息源著录析出文献的出处；网络信息依据特定网址中的信息著录。

（4）参考文献表中，每条文献的著录项目（“任选”项除外）应齐全。

（5）参考文献表中，著录符号应正确。国标规定著录用符号为前置符｛()、[]、/、—除外｝，它只是参考文献著录用的标志符，所以，不要从汉语标点符号的意义去理解。

规定的著录符号如下：

①“.”用于题名项、析出文献题名项、其他责任者、析出文献其他责任者、版本项、出版项、出处项、专利文献的“公告日期或公开日期”项、获取和访问路径前。每条文献的结尾可用“.”号。

②“:”用于其他题名信息、出版者、引文页码、析出文献的页码、专利国别前。

③“,”用于同一著作方式的责任者、“等”或“译”字样、出版年、期刊年卷期标志中的年或卷号、专利号、科技报告号前。

④“;”用于期刊后续的年卷期标志与页码、同一责任者的合订题名前。

⑤“//”用于专著中的析出文献的出处项前。

⑥“()”用于期刊年卷期标志中的期号、报纸的版次、电子文

献更新或修改日期，以及非公历纪年。

⑦“[ ]”用于文献序号、文献类型标志、电子文献的引用日期，以及自拟的信息。

⑧“/”用于合期的期号间及文献载体标志前。

⑨“–”用于起讫序号和起讫页码间。

（6）其他注意事项。

① 期刊中析出的文献，其题名不能省略。

② 书刊名不加书名号“《》”，西文书刊名也不用斜体。

③ 西文刊名可参照《文献工作——期刊刊名缩写的国际规则》（ISO 4—1984）缩写，缩写点省略。

④ 责任者的著录方法。

a. 三人以下全部著录，三人以上只著录前三人，后加“，等”，外文用“，et al”，“et al”不用斜体。

b. 责任者之间用“，”分隔。

c. 责任者姓名一律采用姓前名后的形式。

欧美著者的名缩写，并省略缩写点，姓可用全大写，也可用首字母大写，其余小写，如用中译名，可只著录其姓。

中国著者姓名的汉语拼音按《汉语拼音正词法基本规则》（GB/T 16159—1996）的规定书写，名不能缩写。

⑤ 除“译”外不必著录责任者的责任。

⑥ 参考文献表中数字的著录。

a. 卷期号、年月顺序号、页码和出版年等均用阿拉伯数字，卷号不用黑体。

b. 出版年或出版日期用全数字著录，如遇非公历纪年，则将其置于“( )”内。

（7）有些缺项可作变通处理。

① 无出版地可著录“[出版地不详]”或“[S.L.]”。

② 无出版者可著录“[出版者不详]”或“[s.n]”。

（8）可灵活处理的著录项目。对国标未作“必须”“应”等规定的著录项目，同一论著可选一种，并做到前后一致。

① 每条文献结尾可以加“.”。

② 文献类型标志，非电子文献任选。

③ 纯电子文献的出版地、出版者、出版年可省略。

④ 期刊中析出文献的页码可只著录起始页。

⑤ 文献类型、电子文献载体类型及其标志代码要著录正确。

文献类型标志如下：普通图书 M，会议录 C，汇编 G，报纸 N，期刊 J，学位论文 D，报告 R，标准 S，专利 P，数据库 DB，计算机程序 CP，电子公告 EB，档案 A，舆图 CM，数据集 DS，其他 Z。

电子文献载体类型标志如下：磁带 MT，磁盘 DK，光盘 CD，联机网络 OL。

第十节　层次标题

2001 年 8 月 30 日新闻出版总署发布了《科技文献章节编号方法》（CY/T 35—2001）。这是一套科学的、系统的编号方法，可使各个章节的顺序、地位及其相互关系一目了然，便于检索和相互引用，也便于参考文献著录时书写所参考文献的章节号码。

它解决两个方面的问题，一个是层次标题问题，另一个是列项说明问题。

层次标题包括两个部分，一是标题编号，二是标题本身。编号用阿拉伯数字，数字的位数可表示出标题的层次，两位及两位以上的数字之间用下黑圆点“.”相隔，数字左顶格排。

示例：

1　一级标题（章）

1.1　二级标题（节）

1.1.1　三级标题（节）

1.1.1.1　四级标题（节）

编号之后留一个汉字空排标题。要求标题文字精炼，一般不超过十五个字。

科技文献的内容需要列项说明时，可在各项前加编号，或者加符号，或者加汉字序次语。

第四章　科技论文的标准化与规范化要求

第一节　文字规范

一、使用规范汉字

2000 年 10 月 31 日第九届全国人民代表大会常务委员会第十八次会议通过了《中华人民共和国通用语言文字法》，江泽民同志于当天签署主席令，批准该法自 2001 年 1 月 1 日起施行。这是我国历史上第一部关于规范使用汉语言文字的法律。它与我国新闻出版工作关系密切，意义重大。

《中华人民共和国国家通用语言文字法》第十一条规定：

汉语文出版物应当符合国家通用语言文字的规范和标准。汉语文出版物中需要使用外国语言文字的，应当用国家通用语言文字作必要的注释。

新闻出版署和国家语言文字工作委员会于 1992 年 7 月 7 日颁发，1992 年 8 月 1 日起施行的《出版物汉字使用管理规定》，目前仍然有效。其中第五条规定：

报纸、期刊、图书、音像制品等出版物的报头（名）、刊名、封皮（包括封面、封底、书脊等）、包装装饰物、广告宣传品等用字，必须使用规范汉字，禁止使用不规范汉字。

出版物的内文（包括正文、内容提要、目录以及版权记录项目等辅文），必须使用规范汉字，禁止使用不规范汉字。

第六条规定：

向台湾、香港、澳门地区及海外发行的报纸、期刊、图书、音像制品等出版物，可以用简化字的一律用简化字，如需发行繁体字版本的，需报新闻出版署批准。

什么是规范汉字？

规范汉字是指《通用规范汉字表》中所收录的 8 105 个规范字。2013 年 6 月 5 日，国务院发出关于公布《通用规范汉字表》的通知。《通用规范汉字表》是贯彻《中华人民共和国国家通用语言文字法》，适应新形势下社会各领域汉字应用需要的重要汉字规范。制定和实施《通用规范汉字表》，对提升国家通用语言文字的规范化、标准化、信息化水平，促进国家经济社会和文化教育事业发展具有重要意义。《通用规范汉字表》公布后，社会一般应用领域的汉字使用应以《通用规范汉字表》为准，原有相关汉字表停止使用。

二、禁止使用不规范汉字

不规范汉字指《通用规范汉字表》收录的 8 105 个规范汉字以外的汉字，包括繁体字、异体字和旧字形等。

一般情况下，汉语文出版物必须使用规范汉字，禁止使用不规范汉字，但在某些特殊情况下，可以使用繁体字、异体字。

《中华人民共和国国家通用语言文字法》第十七条规定，有下列情形的，可以保留或使用繁体字、异体字：

（1）文物古迹；

（2）姓氏中的异体字；

（3）书法、篆刻等艺术作品；

（4）题词和招牌的手书字；

（5）经国务院有关部门批准的特殊情况。

《出版物汉字使用管理规定》第七条规定，有下列情形的，可以保留或使用繁体字、异体字：

（1）整理、出版古代典籍；

（2）书法艺术作品；

（3）古代历史文化学术研究著述和语文工具书中必须使用繁体字、异体字的部分；

（4）经国家有关部门批准，依法影印、拷贝的台湾、香港、澳门地区及海外其他地区出版的中文报刊、图书和音像制品等出版物。

第二节　语法规范

一、语法概说

语法是语言的结构规则。语法学是研究语言结构规律的科学。现代汉民族共同语（现代汉语）语法研究的是现代汉语共同的结构规律，它分为词法和句法两个层面。词法研究语素组成词的规律，句法研究词构成词组、句子及单句构成复句的规律。任何语言都有语法，也就是说，其语法成分的组合都有一定的规律。语言在使用过程中符合这些规律是规范的，否则即不规范。

二、语法规范

现代汉民族共同语语法的规范，由典范的现代白话文著作的一般用例表现出来。“典范的现代白话文著作”主要是指现代文学史上有重大影响的著名作家的代表性作品，如鲁迅、茅盾、郭沫若、老舍、巴金和叶圣陶等人及当代一些名家的作品。由于作家们使用语言时既遵循着共同语语法，也受各自方言和个人爱好、习惯的影响，因此，共同语语法的规范只能是表现在他们作品中的一般用例的规则。用数学公式表示，即：

典范的现代白话文著作的全部用例—方言和个人的特有成分=共同语语法规范

三、典型的失误语法现象（语病）

通常情况下，不符合语法规范就是语言运用失误，有失误语法现象的句子就是病句，也即一般所说的语病。现代汉语常见的语病主要有以下一些类型。

（一）词性误用

（1）名词误作形容词。例如：

他年纪虽小，却很本事。

名词“本事”被误作形容词，可改为“能干”。

（2）名词误作动词。例如：

这是对他极大的摧残和耻辱。

“耻辱”是名词，应改为动词“污辱”。

（3）形容词误作名词。例如：

在学习上，他是全班第一的努力。

“努力”是形容词，不能做“是”的宾语，可将“第一的努力”改成的字结构“最努力的”。

（4）形容词误作动词。例如：

只有迅速提高科学技术水平，才能相称大好形势的要求。

“相称”是形容词，不能带宾语，可改为动词“适应”。

（5）动词误作名词。例如：

他由于顶不住压迫而丧失了原则。

“压迫”是动词，应该为名词“压力”。

（6）动词误作形容词。例如：

他贪图地用手摸一摸钱箱。

“贪图”是及物动词，一般不作状语，可改为形容词“贪婪”。

（7）不及物动词误作及物动词。例如：

我不由自主地抬起了头，无限深情地注目着她。

“注目”为不及物动词，不能带宾语，可改为及物动词“注视”。

（8）虚词的误用。例如：

每隔一段时间，他们就组织人员昼夜观察，对大熊猫发出的每一个声音都记录下来。

应改“对”为“把”。

（二）成分残缺

（1）主语残缺。例如：

听了这个报告，使我受到了深刻的教育。

缺主语，删去“听了”，让“这个报告”作主语；或者删去“使”，让“我”作主语。

（2）谓语残缺。例如：

完成任务后，大家就到餐厅夜宵。

句子缺少谓语，应在宾语“夜宵”前加上谓语“吃”。

（3）宾语残缺。例如：

高分子材料用在医药上，大致可分为机体外使用和机体内使用。

缺宾语，应在句末加上“两种”作宾语。

（4）定语残缺。例如：

油棕是一种热带油科植物，含油量很高。

“含油量”前缺定语“果实的”。

（5）状语残缺。

我们一下车，她就过来一一握手。

“一一握手”前缺状语“与我们”。

（三）搭配不当

（1）主语和谓语搭配不当。例如：

急忙中，衣服被峭壁划破、划伤，可他全然不顾。

主语“衣服”与谓语“划破、划伤”中的“划伤”搭配不当，应删去“划伤”。

（2）动词和宾语搭配不当。例如：

他们说服了老师的劝阻。

谓语动词“说服”与宾语“劝阻”搭配不当，可改为“说服了劝阻的老师”。

（3）定语与中心词搭配不当。例如：

如何提高产量和质量，这是一件很值得研究的问题。

“一件”与“问题”不能搭配，应将定语“一件”改为“一个”。

（4）状语与中心词搭配不当。例如：

皎洁的月光像银纱似的照着美丽的校园。

状语“像银纱似的”与谓语动词“照着”搭配不当，应改“照着”为“罩着”。

（5）中心词语补语搭配不当。例如：

导演对女主角说：“生活一点，再生活一点！”

中心词“生活”与补语“一点”搭配不当，可改“生活”为“生活化”。

（6）主语与宾语搭配不当。例如：

很显然，这种看法是一种急功近利的表现。

此句紧缩后便成为“看法是表现”，不通。原句可改为“很显然，持有这种看法是一种急功近利的表现”。

（7）照顾不周（“一面”对“多面”）。例如：

到了海边，小林张开嘴巴，尽情地呼吸着清新的空气、海水和阳光。

“呼吸”只能与宾语“空气、海水和阳光”中的“空气”搭配，不能与“海水和阳光”搭配，犯了照顾不周的毛病。

（8）关联词搭配不当。例如：

由于人们在家居中多以休息为主，所以有关休息方面的家具最为关键……

“由于”与“因而”或“因此”成对出现，“所以”与“因为”成对出现。

（四）成分冗余

口语和书面语里都经常会出现表意重复的冗余成分，造成叠床架屋。有冗余成分的句子也是病句，例如：

人之灵魂可与之契合，也可以倾听到天籁之声在四周流漫。

“天籁”即自然界的声音，故“天籁”之后的“之声”为冗余成分，应删去。

（五）不规范的方言用法

在非文艺作品中出现方言用法的句子也是病句。例如：

他的官大过你。（他的官比你的大。）

这是粤方言用法，应改为括号里的说法。

（六）歧义

歧义是指一个句子表达了两个或多个不同的意思。有歧义的句子多为语序不当所致。歧义句不便于读者理解，若非基于修辞目的，则应进行分解或调整其语序。例如：

文章讲述了一个工人抢救国家财产的故事。

“一个”可以理解为修饰“工人”，也可以理解为修饰“故事”，有歧义，应分解，原句可改为“文章讲述了一个关于工人抢救国家财产的故事”或“文章讲述了某工人抢救国家财产的故事”。

（七）杂糅

杂糅是指把两种说法掺和在一起，使得句子表意不清。例如：

你可知道，要出版一本译作是要经过多少人的努力以后，才能与读者见面的。

是把“要出版……的努力”和“一本译作……见面的”糅合在一块儿，用哪一句都可以。

（八）数量表达混乱

表示数量减少不能用倍数，只能用分数。表示增长了多少的百分比，必须先用实际数减去基本数以后再去除以基本数。例如：

① 由于化疗药物反应，朱鹏的白血球指数比正常值少三倍。

② 为民化工厂的纯利润去年是四万元，今年是五万两千元，今年比去年增长了130%。

例①表示数量减少，不能用倍数，只能用分数。可以改为“只是正常值的三分之一”。例②表示增长了多少的百分比，必须先用实际数减去基本数以后再去除以基本数，句中“增长了130%”应改为“增长了30%”。

（九）不合事理

例如：国庆节快到了，为了迎接祖国55周岁，我单位准备举办大型文艺晚会。

例句中的“迎接祖国55周岁”不合事理。祖国已有数千年文明史，怎能说才55周岁。可改为“迎接新中国55周岁”。

第三节　标点符号规范

标点符号的使用要以国家质量监督检验检疫总局、国家标准化管理委员会2011年12月30日发布，2012年6月1日开始实施的《标点符号用法》（GB/T 15834—2011）为标准，符合该标准的即为规范用法，不符合的即为不规范用法。但是，此标准中关于标点符号的“用法说明”比较笼统，在实际语言运用过程中，我们往往会遇到一些特殊情况或复杂情况。在这些情况下，标点符号该怎么用，查阅《标点符号用法》找不到答案。鉴于此，在这一节里笔者综合有关材料，着重谈谈特殊情况下标点符号的使用问题。

标点符号分两大类：一类是标号，包括引号、括号、破折号、省略号、着重号、连接号、间隔号、书名号、分隔号和专名号十种，还有一种近年来从外国引进的省年号；另一类是点号，包括句内点号和句末点号，句内点号有逗号、顿号、分号、冒号四种，句末点号有句号、问号、叹号三种。点号的作用在于点断，主要表示说话时的停顿和语气。标号的作用在于标明，主要标明语句的性质和作用，破折号和省略号有时还兼有点号的作用。下面通过一些标点符号误用的例子说明其用法规范。

一、逗号的误用

（1）复句内部并列分句之间的停顿，应当用分号，而误用了逗号。例如：

理论，来源于实践，实践，要靠理论来指导。

“来源于实践”后面的逗号应改为分号。

（2）并列词语之间的停顿，应当用顿号，而误用了逗号。例如：

笑声，歌声，嬉闹声响彻了山谷。

“笑声，歌声，嬉闹声”三个并列词语之间的逗号应改为顿号。

（3）不该停顿的地方用了逗号。例如：

总之，这部文集，触及了当代一系列重大的学术问题，相信有心的读者，会从中得到深刻的启示。

“读者”后面不应有停顿，逗号应删去。

（4）该停顿的地方没有用逗号。例如：

我在武汉听了毛委员演说三个月之后又在郑州听到谭延闿对湖南农民运动的恶毒攻击……

“演说”与“之后”后面都应有停顿，应在它们后面加上逗号。

（5）提示性话语之后的停顿，应当用冒号，而误用了逗号。例如：

我一面按照他的指示挖战壕，一面想，总司令身经百战，这一仗一定会打胜的。

“一面想”为提示性话语，其后的逗号应改为冒号。

二、顿号的误用

（1）表示概数的两个连用数字之间不用顿号隔开。例如：

这二、三天时间里，来了二、三十个二十七、八岁的年轻人，共栽了七、八百棵树。

“二三”“二三十”“二十七八”“七八百”都表示概数，不能用顿号隔开，顿号应删去。

（2）并列成分之间有关联词或其他起联结作用的词联结时，该联结词前不用顿号，而用逗号。例如：

由于商品供求往往随着不同区域、不同季节、甚至不同客流成分的变化而变化，所以采购者应当及时把握需求信息。

“不同季节”与“不同客流成分”之间有关联词“甚至”联结，两者之间不能用顿号，而应改成逗号。

（3）并列成分中又有另一层次的并列成分时，不能都用顿号，否则就混淆了结构层次。例如：

请将此文件抄报市委副书记杨山、市委常委、宣传部部长林小华、副市长吴一用等领导同志。

三位市党政领导人的名字构成第一层并列关系，林小华部长的两个职衔为第二层并列关系。两个层次都用顿号造成了层次混乱，应改为第一层用逗号，第二层用顿号，即林小华部长的两个职衔之间用顿号，其余两个顿号应改为逗号。

（4）非并列词语间误用顿号。例如：

入冬以来，丰台区公安分局先后共查获非法制造、贩运、禁放烟花爆竹的治安案件八起。

“非法制造”“贩运”为并列关系的词语，“禁放烟花爆竹”是这两个词语的宾语，不能与它们构成并列关系，其前顿号应删去。

（5）没有停顿的并列词语间误用了顿号。例如：

他们过着牛、马不如的生活。

“牛马”是并列关系的词语，连接紧密，中间没有停顿，不要加顿号。

（6）表示缩略的两个相连数字之间应该用顿号而未用顿号。

例如：

小学三四年级　五六月份　四五号泊车位

以上三例中的两个相邻数字都不是表示概数，而是缩略结构，指三年级和四年级、五月份和六月份、四号泊车位和五号泊车位，两个数字间应加上顿号。

（7）表序列的词语、字母或数字后面误用了顿号。例如：

第二、首先、其次、

这里的顿号应改成逗号。

（一）、（二）、（1）、（2）、①、②、

这些序列数字都加了括号（或圆圈），不必再加顿号，应去掉顿号。

1、2、3、A、B、C、Ⅰ、Ⅱ、Ⅲ、

这里的顿号应改为下角圆点号。

要注意的是，表序列的数字“一、二、三、……”的后面要用顿号，不能用逗号，或者空一字格，也可不用顿号。

（8）并列使用的引号之间、书名号之间的顿号一般可省略，但书名号后面若有括注成分等，顿号则不能省略。例如：

① 从古至今，“草”字一直是人们极为熟悉的一个词，不过它在人们心目中的价值和地位不高，像“草民”“草命”“草台班子”等带有“草”的词语就反映出人们的这种心理认识。

②《三国演义》《西游记》《水浒传》《红楼梦》是中国四大古典名著。

例 1 中的引号、例 2 中的书名号之间不用加顿号，这里的引号和书名号已有隔断的作用。

③《三国演义》（罗贯中）《西游记》（吴承恩）《水浒传》（施耐庵）《红楼梦》（曹雪芹）是四大古典名著。

④ 那时几个熟人都在编文学杂志，在《作家》（孟十还主编）《译文》（黄源主编）之后，烈文主编的《中流》半月刊也创刊了。

例 3、例 4 的书名号之间加了括注成分，书名号之间的顿号不能省，要不然会造成混乱，不便阅读。

顿号的这一用法的理论依据是：如果一连串的词语都是用引号

括起的，按道理是应该加上顿号的。可是形式难看，而这些引号也附带有隔断的作用，因此一般的习惯就把这些顿号去掉了。例如：

名词是事物的名称，例如“山”“水”“人”。

如果引号里是一些句子，已经有了句号、问号或叹号，就更没有加顿号的需要。下面这句话的引号里面已经有了叹号，外面再加顿号，就格外觉得难看了。例如：

在装着钱的纸包或信封上，写着“反对丘吉尔者捐五先令！”“一个红军的朋友捐一镑！”。

以上这一段话说的虽是引号之间的顿号问题，同样也适用于书名号。

三、分号的误用

（1）并列词语之间只能用顿号和逗号，不能用分号。例如：

《雷雨》中的人物对话；《红楼梦》里的心理描写；《水浒传》中故事情节的铺叙都极富特色。

分号一般用来表示复句内部并列分句之间的停顿，不用于单句中。上例为单句，三个并列词组在句中作主语，句中的分号都应改为逗号。

（2）应该用句号断开的两个独立的句子间误用分号。例如：

这样的豪言壮语，究竟出自谁人之口呢？不是别人，正是林彪；它是赤裸裸的反马克思主义谬论。

“林彪”后面的分号应改为句号，因为此分号前后为两个独立的句子。

（3）非并列关系的分句间误用了分号。例如：

去年 12 月 13 日，在河北省香河县公安局的配合下，通州区公安局破获了盗窃高压电线路铁塔塔材的案件；抓获犯罪分子二十余人。

上例中的分句是承接关系，非并列关系，分号应改为逗号。

四、问号的误用

问号主要用来表示疑问句（包括设问句和反问句）末尾的停顿。

问号的误用主要是把非疑问句误认为疑问句。这种情况多发生在带有“谁”“哪”“什么”“怎么”“几”等疑问词和“是……还是……”疑问结构的非疑问句里。例如：

至于谁来当我们的处长？目前尚无从知晓。

句中的问号应改为逗号。

五、冒号的误用

冒号表示提示性话语之后的停顿，用来提起下文。冒号的误用主要表现在以下几个方面。

（1）引文中间的插入语（通常为“某某说”）后面误用了冒号。例如：

“不做生意？”翁亮说：“不做生意打那么多长话？鬼才相信，你一定是在做大生意！”

此处的“翁亮说”为插入语，非提示性话语，其后一定要用逗号。

（2）在没有停顿的地方用了冒号。例如：

我跳下车来，说了声：“忠爷爷再见！”就往家里走。

“说了声”后面的冒号应删去，同时应删去“再见”后的叹号，在引号后加逗号。

（3）在一个句子里出现了两重冒号。例如：

也还有另一种观点：当作品涉及某些阴暗现象的时候，有的同志会说：“你写的现象虽然是真实的，但要考虑文艺的党性原则。”

在一个句子里不能出现两重冒号。第一个冒号应改为句号。

（4）该用冒号的地方没有用冒号。例如：

企业长期亏损，出路只有一条，改革。

“出路只有一条”为提示性话语，其后应该用冒号。

（5）冒号与比号混用。该用数学符号比号（∶）的地方误用了冒号（：），该用冒号的地方误用了比号（冒号位于字的下标，比号位置居中）。例如：

地图比例尺 1：300 000

冒号应改为比号。

（6）起解释说明作用的冒号与“即”同时出现。例如：

脑海中闪过一个带有几分哲理性的问题：即群山与高峰的关系。

这里，冒号与“即”所起的作用相同，删“即”或改冒号为逗号。

六、引号的误用

（1）整句引文，句末标点未置引号内。例如：

俗谚云：“惊蛰多栽树，春分犁不闲”。

此句为整句引文，末尾的句号应置引号里面。

（2）局部引文，引文末尾的标点未置引号之外。例如：

张伯仑可能再来一次慕尼黑，要当心，要警戒，“妥协政策促进欧洲的新危机，”“俎上的羔羊仍旧是波兰。”

以上两处引文皆为局部引文，非独立完整的句子，因而引文末尾的标点应放在引号之外。

（3）应加引号的地方未用引号。

① 带有特殊含义（或修辞用法）的词语未加引号。这里所说的特殊含义（或修辞用法）指的是该词语在句中所用的意义不是其固有的理性意义，而是其比喻义、褒贬义等附加意义。为引起读者的注意，这些词语需要加上引号。例如：

自私，不听从合理的指导，没有自尊心，都是性格上很大的弱点。这些弱点都是老牌的慈母送给她们孩子的恩物。

这里的“慈母”和“恩物”都带有贬义，应加上引号。

② 行文中论述的对象未加引号。例如：

认知一词最早是承认父子关系的法律用语，后来又用于哲学，表示认识的意思。

“认知”是论述对象，应该加引号。

（4）不该用引号的地方用了引号。

① 间接引用的文字加了引号。例如：

牛大水说，“他父亲来过这里，在这里打过一场恶仗”。

引号里的句子实际上是对牛大水所说的话的转述，属间接引用，不能加引号。转述的话若改为直接引用，要调整人称，有时还要调整标点。此句若改为直接引用，则要将“他”改为“我”。

② 非特殊用法的词语加了引号。例如：

这本书写得还是太“赶”了，它的每一部分几乎都是“急就章”。

“赶”和“急就章”在这个语境里都是一般用法，不必加引号。

（5）不作为独立句子来用的引文，其末尾原有的问号和叹号引用时未保留。例如：

在护国寺街西口和新街口没有一个招呼“西苑哪？清华哪”的。

上例中的“清华哪”应保留问号，且应放在引号里。

（6）连续引用几个段落时，每段都用了完整的引号。例如：

我在疑惧中不及回身，然而已看见墓碣阴面残存的文句——

“……抉心自食，欲知本味。创痛酷烈，本味何能知？……”

“痛定之后，徐徐食之，然其心已陈旧，本味又何由知？……”

“……答我。否则，离开！……”

每段都用完整的引号，会让人误解为以上三段引文为非连续性引文。正确的用法是在每段开头用前引号，只在最后一段的结尾用后引号。也可以只在第一段开头用前引号，最后一段结尾用后引号。

（7）第三层引用用了单引号。例如：

尝语弟子曰：襄在徐尚书府夜饮，公云：“今晨值起居注，上问：‘古人言，‘使功不如使过’，引语自有出处。’当时不能答。”

句中“使功不如使过”为第三层引用，应该用双引号。

七、叹号的误用

（1）该用句号和问号的地方误用了叹号。句号、问号和叹号都是句末点号，稍不注意，很容易造成误用。例如：

“怎么吃饭没花粮票！”她闷闷地问道。

这是一个疑问句，应该用问号。有些带有强烈感情的疑问句，可用叹号，但也只能是问号、叹号并用，且问号在前，叹号在后，因为表达强烈感情的疑问句首先是疑问句。

（2）句子内部误用叹号。叹号是句末点号，有人喜欢在叹词和语气词后面用叹号，不管这些叹词是不是独立成句，语气词不是在句末，也不管句子是不是感叹句。例如：

哇！这地方真美！

“哇”是句首叹词，不独立成句，其后的叹号应改为逗号。

八、书名号的误用

（1）书名号使用范围扩大化

书名号是表示文化精神产品的专名号。主要用于书名（包括篇名）、报纸名（包括板块、栏目名）、期刊名（包括栏目名），以及其他精神产品（电影、戏剧、乐曲、舞蹈、摄影、绘画、雕塑、工艺品、邮票、相声和小品等）的题目。非文化精神产品，诸如物质产品名、商品名、商标名、课程名、证件名、单位名、组织名、奖项名、活动名、展览名、集会名和称号名等，使用书名号都是误用。例如：

《长征二号》运载火箭　《桑塔纳》轿车　颁发《身份证》

以上书名号都是误用。

（2）丛书名一般使用引号，也可使用书名号。从书名称为一个词的，要连同“丛书”一词加书名号（或引号）；丛书名称是词组的，“丛书”一词应置书名号（或引号）外。下面的用例是误用：

《五味》丛书（“五味”丛书）

《科学家爷爷谈科学丛书》（“科学家爷爷谈科学丛书”）

应改正为：

《五味丛书》（“五味丛书”）

《科学家爷爷谈科学》丛书（“科学家爷爷谈科学”丛书）

丛书名用书名号还是引号？

丛书名有用书名号的，也有用引号的。相关专家建议用书名号，理由有二：

其一，《标点符号用法》规定，书名号是用来“标示书名、卷名、篇名、刊物名、报纸名、文件名等”。丛书也是书，书是一个总概念，下面有丛书，丛书下面又有单本书，细分下去，还有卷、篇、章和节等，这是一个系统。在这个系统中，标点符号的使用应该是一致的。

其二，《现代汉语词典》释“丛书”：“由许多书汇集编成的一套书，如《知不足斋丛书》《历史小丛书》。”《现代汉语词典》释“丛书”所举例证用的是书名号。《辞海》《辞源》《中国大百科全书》等权威工具书“丛书”条所举的例子都用了书名号。应用上的一致性，反映出认识上的一致性。

（3）书名号里面的名称应与实际文化精神产品名称一致，否则即为误用。例如：

《解放军》报 《东方》丛刊 《海外星云杂志》 《人民邮电报》

书名号里面的名称是这些报刊的实际名称。

使用书名号是为了把文化精神产品名称与一般词语区分开来，便于理解。在不用书名号也不会引起混淆时，也可以不用。例如：

当年新华日报在重庆与国民党作斗争，当然是阶级斗争，但就在那时，阶级斗争也不是报纸的全部内容。

此例中“新华日报”不加书名号也不会影响阅读和理解。

九、括号的误用

（1）句内括号放在了句外。例如：

新桂系批评和反对蒋介石的不抵抗政策，认为“中国除武装抵抗日本的侵略外，决无第二条死里求活的出路”。（《南宁民国日报》1936 年 6 月 9 日）

此句的括注是注释引文的，应紧跟引文，放在后引号和句号之间。句外括号改为句内括号。

（2）句外括号放在了句内。例如：

这一带岩石较为破碎，地震较多，致使河（沟）床坡降加大，山坡陡峭，而且夏季暴雨很多，这就为泥石流的形成提供了条件(《一次大型的泥石流》)。

“《一次大型的泥石流》”是注释全句的，而非注释最后一个分句，因而括号应置句号外。

（3）括号离开了被注释的文字。例如：

此谕旨颁于康熙十七年三月（1687 年），内容为整饬海疆事宜。

“1687 年”是括注“康熙十七年”的，应紧跟之，置“三月”前。

十、省略号的误用

（1）省略号的衍用。文章中引用别人的著作或讲话只引用需要的部分，如果没有特殊需要，省略的部分不必用省略号标明。例如：

一位女大学生对布源说：“我并不指望您给我回信，只希望有人听我倾诉……”另一个女孩也说：“……深宵里拥被而坐，与你说话，从未打算要你解答问题，仅仅想开口低语一番。”

句中两个省略号都应删去。

（2）省略号前后保留了顿号、逗号、分号。例如：

雄伟的人民大会堂，是首都最著名的建筑之一，……那壮丽的廊柱，淡雅的色调，以及四周层次繁多的建筑立面，组成了一幅绚丽的图画。

句中省略号前后的点号都应删去。一般来说，省略号前是句末点号（句号、问号、叹号），允许保留。例如：

不受制约的权力将产生腐败现象。但是，谁来制约？谁来监督？……尚有一系列问题需要深入探讨。

但省略号后面一般不能再加点号。省略号前后可以有标号。

（3）省略号与“等”“等等”“之类”等并用。例如：

宋庆龄、茅盾、周建人……等，都热心为本书撰稿和改稿。

上例中“等”和逗号都应该删去，如果保留“等”，就要删去省略号。

十一、破折号的误用

破折号是一条直线，应占两个汉字的位置，中间不能断开。破折号的主要用法是引出解释说明的语句（在这一点上与括号用法相似），此外，其用法还有：引出补充说明的语句、标明语意的突然转变、标明分项列举、标明连续的几个阶段、表示声音的延长、表示说话的中断、表示说话中间的停顿、引起下文、引出歇后语的语底部分，以及用在副标题的前面等。

破折号的误用主要表现在以下四个方面：

（1）破折号衍用。在引出解释说明的语句时，破折号前后所指并不相当（或并不完全相当），破折号衍用。例如：

这一切，使人们想起了解放前——1937 年大旱 50 天，赤地千里，四出逃荒的悲惨往事。

例句中的“解放前”所指范围大，“1937 年”所指范围小，不能用破折号，破折号应改为“的”。

（2）该用其他标点符号的地方误用了破折号。例如：

《李自成——巾帼悲歌》是尤小刚执导的第一部历史题材的电视剧。

例句中《巾帼悲歌》是《李自成》中的一集，破折号应改为间隔号。

（3）该用破折号的地方没有用，或用了其他标点符号。例如：

二氧化碳和水在合成车间，叶绿体里发生奇妙的变化。

“合成车间”就是“叶绿体”，后者是对前者的补充说明，中间不能用逗号，应该用破折号。

十二、间隔号的误用

（1）间隔号误为顿号。例如：

约翰、里德　一二、九运动

“约翰 • 里德”是一个人，名姓之间用了顿号会让读者误为两个人。表示外国人名或少数民族人名内部各部分的分界应该用间隔号。“一二 • 九运动”是用该事件发生的时间（十二月九日）来命名的，月日之间不能用顿号。表示月份（一月、十一月、十二月）与日期之间的分界要用间隔号。

（2）间隔号误为下角圆点号。例如：

“3.15”消费者日

表示事件、节日和其他特殊意义的含有月日（用阿拉伯数字）简称的词组，月日之间一定要用间隔号，不能用下角圆点号。“3. 15”应为“3 • 15”。

十三、连接号的误用

（1）连接号误为破折号。例如：

国际饭店今年1——7月客房入住率与去年同比增长8%。

“1——7”用的是二字线，是破折号，应改成一字线或浪纹线连接号。

（2）连接号衍用。不该用连接号的地方用了连接号。例如：

“这上面的字怎么这么乱？你帮我看看，有没有陈—志—先，他是十室的……”

“陈志先”中间不需要用连接号。若表示声音延长，则用破折号；若表示一字一顿，则用顿号。

（3）该用连接号的地方用了别的标点符号。例如：

声调不仅是一种生理·物理现象，更重要的它是一种具有社会功能的能区分语义的“语言现象”，因此，不能单纯地从生理·物理方面去注意。

连接号表示连接，间隔号表示间隔，把相关的几个概念或事物连成整体要用连接号。上例中的间隔号要改成半字线连接号。

（4）连接号的各种变体使用场合有误。

连接号的形式主要有一字线“—”、半字线“-”和浪纹线“～”三种。它们各有适用范围和具体的使用场合。书面上连接号的不规范使用现象很多。例如：CH—33D型起重直升机。这里的连接号用于产品型号，应为半字线。三种连接号的使用范围大致如下（有些场合用其中的某两种皆可）：

① 一字线：连接地名或方位名词，表示起止、相关或走向；连接几个相关的项目，表示递进式发展；表格中表示“未发现”。

② 半字线：连接相关词，构成复合名词；连接字母、阿拉伯数字等，组成产品型号及各种代号；全数字式日期表示法中间用来分隔年、月、日；连接图序（或表序）中的章节号与图（或表）号。不要与数学的减号和外文中的连字符（为字母m宽度的1/3）混淆。

③ 浪纹线：连接相关的阿拉伯数字或代表数量的字母，表示数值范围。

十四、省年号的误用

省年号“’”又叫高撇号，是近年来从国外引进的一种符号，文中只用于省年形式。例如，用“’88”替代“1988 年”。省年号的误用主要有三种情况。

（1）省年号的位置误用在年数后面。例如：

99’南宁国际民歌艺术节

应改为“’99 南宁国际民歌艺术节”。

（2）省年号后面误加了“年”字。例如：

’99 年南宁国际民歌艺术节

应改为“’99 南宁国际民歌艺术节”或“1999 年南宁国际民歌艺术节”。

（3）用了省年号却没有将标示“世纪”的数字省略。例如：

’1998 春节联欢晚会

用了省年号，“19”应省略。

此外，点号使用中还有两种常见的错误。

（4）行文中以停顿时间短的点号包孕停顿时间长的点号。例如：

这些课外活动有很多特点。一是它形式自愿。孩子愿意参加就参加，不愿意可以不参加；二是内容丰富多彩。孩子们的兴趣、爱好，甚至要求可以得到充分满足；三是评定方法轻松活泼，考试成了展览、演出、小型报告，孩子们可以尽情发挥。

句中说到课外活动的特点时列了一、二、三条，这三条构成了一个并列复句，三个并列分句之间用了两个分号，而每个分号内部又包孕了一个句号，句号是句末点号，停顿时间比句中点号分号长，这就犯了以小包大的错误了，应该把“形式自愿”和“丰富多彩”后面的两个句号改为逗号或把分号改成句号。

（5）表格中顶格排的句子，句末用了标点。例如：

选题名称	内容简介
学科教育心理学·化学教育心理学。	本书稿主要介绍认知心理学原理在化学教育各领域中的应用和作用。

表格中的文字顶格排时，句末不加标点，低两格排时应加标点。上例应改为：

选题名称	内容简介
学科教育心理学·化学教育心理学	本书稿主要介绍认知心理学原理在化学教育各领域中的应用和作用

第四节　数字用法规范

关于数字的使用，2011 年 7 月国家质量监督检验检疫总局、国家标准化管理委员会发布的《出版物上数字用法》（GB/T 15835—2011）对其进行了规范。但此标准内容比较宽泛，在实际使用过程中，常会遇到一些特殊情况，是用阿拉伯数字还是用汉字数字，在其中找不到依据。在这一节里，笔者根据有关文件，再综合部分专家的意见，在不违背此标准精神的前提下，对其作出了一些补充和细化。

一、应当使用阿拉伯数字的

（1）用于计量的数字。例如：

1 m（1 米）　5 g（5 克）　3 A（3 安）

（2）公历世纪、年代、年、月、日、时、分、秒。例如：

公元前 21 世纪　90 年代　20 世纪 50 年代　1840 年　3 月 15 日　19 时 30 分 15 秒　11：30

注意：年份不能用简写，如 1988 年不能简写成“八八年”或“88 年”，但有些情况下可用省年号，如 1988 年可省写成“’88”。年月日的表示方法有几种，如 1998 年 3 月 15 日可写成 1998-03-15（年、月、日之间用半字线相连，不满“10”的月日前面补“0”），也可写成 1998.3.15（年月日之间用下角圆点号，不用间隔号和顿号）。时、分、秒的分隔符要用冒号，不能用比号。

（3）用于编号的数字。例如：

桂新出发［2000］7 号文件　国家标准 GB/T 15835—1995

（4）引文标注版次、卷次、页码，除古籍应与所据版本一致外，一般应使用阿拉伯数字。例如：

列宁:《新生的中国》，见《列宁全集》，中文 2 版，第 22 卷，208 页，北京：人民出版社，1990。

上述情况使用阿拉伯数字具有简洁醒目、易于辨识的效果。

二、应当使用汉字数字的

（1）定型的词、词组、成语、惯用语、谚语、缩略语、歇后语或具有修辞色彩的词语中作为语素的数字，必须使用汉字数字。例如：

词：一概　四肢　一方面　四边形

词组：二万五千里长征　四书五经　五四运动　九三学社

成语：三心二意　十全十美　九霄云外　八面玲珑

谚语：三个臭皮匠，赛过诸葛亮　三百六十行，行行出状元　八仙过海，各显神通

惯用语：不管三七二十一　八九不离十

缩略语：三个代表　三讲　三反五反

歇后语：十五个吊桶打水——七上八下　铁公鸡——一毛不拔

（2）相邻的两个数字连用表示概数，必须使用汉字数字，连用的两个数字之间不得用顿号隔开。例如：

一两个人　三五天　二三种书　二十七八吨

相邻的两个数字表示概数不能使用阿拉伯数字。另外要注意的是："二"和"两"用法有别，"一两个"不能写成"一二个"，写成"一二个"不规范，也容易被人误为"十二个"。

（3）带有"几"字的数字表示约数，必须使用汉字数字。例如：

几百米　十几人　三百几十天　几十万分之一

"10 几人"之类的用法是错误的。

（4）重排古籍中的数字，必须使用汉字数字。

（5）竖排文字中的数字必须使用汉字数字（除与外文字母、罗马数字连用可顺时针转 90° 排版外）。

（6）非公元纪年一律用汉字数字。

如中国清代以前的历史纪年（帝王年号、谥号、庙号纪年，太平天国纪年等）、民间现在仍在使用的干支纪年、新中国成立前的中

华民国纪年、国内外其他民族的特有纪年（如中国藏族的生肖纪年、日本现在仍在使用的天皇年号纪年等）、阴历月日等。行文中，非公元纪年后应括注用阿拉伯数字表示的公元纪年。

（7）含有月日简称表示事件、节日和其他意义的词组中的数字，一般应使用汉字数字。当涉及 1 月、11 月、12 月时，月日之间应加间隔号，并外加引号；涉及其他月份时，不用间隔号，是否加引号视事件的知名度而定。例如：

“一・二八”事变（1 月 28 日）　“一一・一〇”案件（11 月 10 日）　“一二・九”运动　五四运动

（8）其他应使用汉字数字的情况。

① 古诗文中的数字。

② 表示百分比的“成”。例如：

今年一季度的产量与去年同比提高了三成。

“成”表示十分之一或 10%。用“成”来表示百分比时必须使用汉字数字。

③ 为了突出庄重典雅表达效果。例如：

十一届全国人大一次会议

三、使用阿拉伯数字和汉字皆可的

（1）整数一至十，若出现在具有统计意义的一组数字中，要用阿拉伯数字，其他情况下皆可，但要照顾到上下文，求得局部体例上的一致。例如：

8 只碗（八只碗）　1 个人（一个人）　去过十次（去过 10 次）

（2）古籍的引文标注版次、卷次、页码，使用阿拉伯数字和汉字数字皆可，但应与其所据版本一致。

（3）部分表示序数的数字用阿拉伯数字和汉字数字皆可。例如：

第 10 届全国书市（第十届全国书市）　排名第三十八位（排名第 38 位）

但有些情况下只能用汉字数字，例如：名列第一、第二；第十五届全国人民代表大会；其一、其二，等。

（4）用“多”“余”“左右”“上下”“约”“来”“许”“近”等表

示约数的数字（含有“几”的约数除外）。例如：

二十多件（20多件）大衣　十余位（10余位）　二十个左右（20个左右）

在具体语言环境中，用汉字数字还是阿拉伯数字可灵活掌握，但要确保局部体例的统一。

四、《出版物上数字用法》适用范围

此标准适用于除文艺作品和重排古籍外的各类出版物。文艺作品中的数字使用可灵活处理。重排古籍的数字必须用汉字数字。

五、数值和量值范围的表示

此标准对数值和量值范围的表示法的说明较为笼统、宽泛，有几处需要补充说明。

（1）表示数值范围的连接号形式。此标准中规定：阿拉伯数字书写的数值在表示数值的范围时，使用浪纹式连接号“～”或一字线的连接号。前者适用于科技类书刊。后者适用于非科技类图书刊。

（2）百分数的范围。

正确表示法：20%～30%

错误表示法：20～30%

（3）用“万”“亿”表示的数值范围。

正确表示法：20万～32万　3亿～9亿

错误表示法：20～32万　　3～9亿

六、数字使用中应注意的问题

（1）数字的使用在行文中要注意局部体例的统一。在使用阿拉伯数字和汉字数字都可以时，选择哪一种，要照顾到上下文的体例，尽量让同一句话、同一段落或同一页的数字体例一致。当然，照顾局部体例的统一，应该在遵守数字用法规范的前提下，不能为了统一而强改。

（2）概数、约数的使用要避免表意重复，出现冗余成分。例如：

到会的有三四十个左右　约有一百来人出席庆典

“三四十”是概数，加上“左右”表意重复，左右为冗余成分，应删去。“一百来”已是约数，前面再加上“约”，表意重复，“约”和“来”应删去一个。

（3）公元前纪年要加“公元前”，公元后纪年可加“公元”，也可不加，但如果容易产生混淆，则应加“公元”。例如：

公元前 78 年—12 年

此处的“12 年”容易让人误解为公元前 12 年，因而应加上“公元”二字。

（4）按此标准，含有月日的专名采用阿拉伯数字表示时，月日之间一定要加分隔号，不能用下角圆点号，也不能用顿号，并且月日简称应加上引号。例如：

“3·15”消费者权益保护日　“11·25”沉船事件

“3·15”　“11·25”不能写成“3.15”“11.25”

（5）注意汉字数字“〇“的字形。汉字数字“〇”与阿拉伯数字“0”、外文字母“O”字形上有差异，应注意区别，不要混用。例如，“二〇〇一”不要写成“二 00 一”“二 OO 一”。“0”的汉字书写形式为“零”，用作编号时，“0”的汉字书写形式为“〇”。

第五节　量和单位

计量单位是各行各业都要使用的，也与每个人密切相关。据统计，一个人平均每天要进行三十次涉及计量单位的活动。因此，对于撰写科技论文的作者和科技期刊的编辑来说，对计量单位相关知识的掌握显得更加重要。

科技文献中有关量和单位方面的问题，归纳起来有以下十个。

（1）使用已废弃的量名称。如比重、比热、电流强度、绝对温度和体积克分子浓度等。

（2）未使用国家规定的量符号。例如：质量符号不用 m，而用 W、P 或 Q 等；用多个字母构成一个量符号，如用 IAT 作为“内部空气温度”的符号，用 DW、FW 分别作“干质量”和“鲜质量”的符号。

（3）使用已废弃的非法定单位或单位符号。前者如斤、达因（dyn）、卡（cal）和当量浓度（*N*）等；后者如 rmp（转每分）、hr（小时）、y 或 yr（年）等。

（4）非普及性期刊使用单位的中文符号，有的还把单位名称当中文符号使用。如“电能量 100 千瓦·时”错写成“电能量 100 千瓦小时”。还有的把既不是单位中文名称，也不是单位的中文符号的符号作中文符号使用，如“牛顿/平方米”。

（5）同一篇文章中的单位时而用中文符号，时而用国际符号，在组合单位中两种符号并用，如“m/秒”。

（6）把一些不是单位符号的符号，如英文缩写字、全称等，作为标准化符号使用。如 ppm（10^{-6}）、sec（秒）和 Joule（焦）等。

（7）量符号及其下角标符号、单位及词头符号的正斜体、大小写比较混乱。

（8）不善于使用词头构成十进倍数单位。

（9）词头使用错误，如重叠使用、独立使用，以及对乘方形式的单位加错了词头等。

（10）在图、表等中用符号表示数值的量和单位时，未采用标准化表示法。如“*m*，kg”“*m*（kg）”等未表示成“*m*/kg”。

计量单位的统一，正确使用法定的量和单位，是科技期刊做到标准化、规范化的一个极其重要的方面。国家科委和新闻出版署颁发的《科学技术期刊管理办法》指出：科学技术期刊应当实施有关国际标准、国家标准和法定计量单位，使期刊的编辑出版工作标准化、规范化。

一、我国法定计量单位

我国法定计量单位是由我国政府以法令的形式规定的国内允许使用的计量单位，执行法定计量单位具有强制性，各行各业概莫能外。

（一）组成

我国法定计量单位是以 SI（国际单位制符号）为基础，根据我国的情况，加选十六个非 SI 单位构成的。具体来说包括以下五个部分：

（1）SI 基本单位（七个）；

（2）具有专门名称的 SI 导出单位（二十一个）；

（3）我国选定的非 SI 单位（十六个）；

（4）由以上单位构成的组合单位；

（5）由 SI 词头（二十个）与以上单位构成的倍数单位。

（二）特点

世界上许多国家都有各自的法定计量单位。与其他国家的法定计量单位相比，我国法定计量单位的主要特点可概括为十二个字：简单明了，科学实用，留有余地。具体来说，这些特点表现在以下几个方面：

（1）只给出了单位的名称、符号，未给出定义和用法；

（2）只给出可以构成组合单位的四十四个单位，未给出哪些形式的组合单位属于法定计量单位；

（3）国内外有争议的或只有少数国家使用的单位没有列入；

（4）适当考虑了我国人民的习惯，承认公斤为千克的同义语，公里为千米的俗称；

（5）留有余地，规定个别科技领域如有特殊需要，暂时允许使用某些非法定计量单位，直到国际上有关组织声明废除时为止。

（三）与《量和单位》（GB 3100—3102—93）的关系

GB 3100—3102 是关于量、单位和符号的一般原则及一系列具体量和单位的国家标准。它是以 SI 为基础，等效采用了有关国际标准制定而成的，它完全贯彻了我国的法定计量单位，是法定计量单位的具体化。在这些国家标准中，也列出一些暂时可以与 SI 单位并用的非 SI 单位，这与法定计量单位也不矛盾，因为法令中已经留有了余地。因此，执行国家标准与执行法定计量单位是一致的，而且，在我们的工作实践中，更多时候要到国家标准中去查找。

二、量

量，也称物理量，其定义是“现象、物体或物质的可以定性区别和定量确定的一种属性”。

（一）特点

（1）存在于某一量制中。没有孤立存在的量。一切量都可以与其他量建立数学关系，进行数学运算。

（2）可测。一切量都可以定量地表达和测出。即在同一类量中，可以选出某一特定的量作为一个称之为单位的参与量，则这一类量中的任何其他量，都以用这个单位与一个数的乘积表示，而这个数称为该量的数值。例如：$l=10$ m，l 是某物长度的量符号，m 是长度单位米的符号，10 就是以 m 作单位时某物长度的数值。

（3）量所表达的是物理性质。物理量都有确切的物理定义，表达确定的物理性质。它不同于计数量，如分子数 N 就不是物理量。

（二）名称

物理量都有其各自的名称。GB 3102.1～13 中，共列出常见的 614 个量，按照科学的命名规则（见 GB 3101—1993 的附录 A）并遵循我国的习惯，为它们规定了名称，这些名称我们简称为“标准量名称”。关于量的名称，在使用中要注意的是：

（1）有的量具有两个以上的名称。例如：压力与压强，电势差、电位差与电压等。

（2）一般应该使用标准规定的量名称，不要使用自造的或已经废弃的旧名称。为便于大家查找，表 4-1 列出了常见量的旧名称与标准规定的名称的对照。

表 4-1　常见非标准的量名称与标准规定的量名称对照例表

标准规定的量名称	非标准的量名称	说明
面积 A（S）	亩数	“亩”原为面积的市制单位。用单位名称加“数”构成量名称的做法是错误的
质量 m	重量	在科学技术中，“重量”表达的是力的概念，其单位为 N，二者不可混淆。只在人民生活和贸易中，质量被习惯称为重量，但科技领域不赞成这种习惯
密度 ρ 相对密度 d	比重	历史上“比重”有多种含义：当其单位为 kg/m³ 时，应称为“密度”；当其单位为“1”，即表示在相同条件下，某一物质的密度与另一参考物质的密度之比时，应称为“相对密度”

续表

标准规定的量名称	非标准的量名称	说明
摩擦因数$\mu(f)$	摩擦系数*	在描述量 A 比例于量 B 的关系式 $A=kB$ 中，作为乘数出现的量 k 一般称为“系数”或“因数”（“因子”）。当 A 与 B 同量纲时，k 称为“系数”。一些原来称为“××系数”的量均按此原则改
质量热容，比热容 c	比热	定义为热容 C 除以质量 m，单位为 J/（kg・K）
质量定压热容，比定压热容 c_p	定压比热容，恒压比热	定义为定压热容 c_p 除以质量 m。称为定压比热容违背“比字加在量的名称前用以指该量被质量除所得的商”这一规定
热力学能 U	内能	不再使用符号 E。其单位为 J/（kg・K）
电流 I	电流强度	单位为 A
相对原子质量 A_r	原子量	二量的单位为“1”
相对分子质量 M_r	分子量	
分子质量 m		单位为 kg，常用 u
物质的量 n（ν）	摩尔数，克原子数，克分子数，克离子数，克当量	单位为 mol。“摩尔数”是在量的单位名称“摩尔”后加上“数”字组成量名称，这是错误的
B 的质量分数 ω_B	重量百分数 重量的百分浓度	单位为“1”，是 B 的质量与混合物的质量之比
B 的体积分数 ϕ_B	体积百分浓度	单位为“1”，是 B 的体积与混合物的体积之比
B 的浓度，B 的物质的量浓度 c_B	体积克分子浓度，摩尔浓度，当量浓度	单位为 mol/m^3，常用 mol/L，是 B 的物质的量除以混合物的体积
粒子注量 Φ	剂量	单位为 m^{-2}。通常粒子一词用所指粒子的名称代替，如质子注量、中子注量等
（放射性）活度 A	放射性强度，放射性	单位为 Bq

*国家标准备注栏内仍列出这些量名称，表示暂时仍可与标准规定的量并用，但在实践中应尽量不使用旧名称。

（三）符号

有关量符号的一般规则是：

（1）量符号一般为单个拉丁字母或希腊字母，只有 25 个用来描述传递现象的特征数是例外，它们均由两个字母构成，如欧拉数 E_u，磁雷诺数 R_m 等。

（2）量符号必须采用斜体字母。

（3）矢量、张量符号一律用黑斜体。

（4）应采用国家标准中规定的量符号。

（5）不能把量符号当作纯数来使用。例如，“长度为 l cm”“时间为 t s”一类说法是不对的（这里的 l 和 t 分别是长度和时间的量符号）。

（6）量符号上可以根据需要附加其他符号。这是为了对量符号加以某些限制或说明。所加的附加符号有下角标字母、(*)、(′)等，用以表示某些特定的状态、位置、条件或测量方法等。

（7）量符号的组合规则。

相乘：xy，$x \cdot y$。

对于两个字母构成的量符号，为避免误解为两个量的相乘，当它们出现在公式中时，相乘的量之间一定要加中圆点“·”或空出1/4个字的位置。例如：$Ma \cdot b$，$Ma\ b$，不要排成 Mab。

对于矢量相乘，不加乘号与加“·”和“×”的意义是各不相同的，不能互相变换。

相除：$\mathrm{x/y}$，$\mathrm{x \cdot y^{-1}}$，$\mathrm{xy^{-1}}$。

采用“/”作相除号时，同一行中的“/”不能多于一条（加括号时例外）。当分子分母为多项式时，如采用“/”，必须使用括号。

（四）量符号的下角标

当一篇论文中有不同的量使用同一字母作量符号，或者同一个量有不同的使用特点需要加以区别时，常常采用附加下角标的形式。在国家标准中，许多量符号已经规定了下角标，这无疑是我们应该优先采用的。

下角标在不少刊物中使用得比较乱，特别是什么情况下使用正体，什么情况下使用斜体，下角标比较长的时候怎么表示等，存在的问题更多些。下面介绍一些一般规则。

（1）量符号和代表变动性数字的字母、坐标轴符号及表示几何图形点、线、面、体的字母作下角标时用斜体，其余均用正体。

（2）单位符号和代表物质的符号作下角标采用正体。

（3）来源于人名的缩写字作下角标时用大写正体。

（4）当一个量符号中出现两个以上下角标或下角标代表物质的符号比较复杂（如为分子式或带有下角标等）时，可把这些下角标符号置于量符号之后的圆括号中。

在化学学科中，代表物质的符号可表示成右下标，如 B 的浓度符号：c_B；也可将具体物质的符号置于与主符号齐线的括号中，如硫酸的浓度 c（H_2SO_4）。

三、单位的名称

（1）单位名称有全称和简称两种。

（2）单位名称用于不带数值的叙述性文字中，还用于口语中，在不致混淆的场合可以使用简称。

（3）书写名称时不加任何符号。例如：密度单位的名称为千克每立方米，而不是千克/立方米、千克/每立方米、千克每米^3。

（4）名称和符号表示的顺序一致。例如：速度单位符号 m/s（米/秒），其名称应为米每秒。

（5）除号对应的名称为“每”，且“每”只能出现一次。

（6）乘方形式的单位名称，其顺序是指数名称在前，单位名称在后，指数由数字加次方组成。例如：长度的二次和三次幂是面积和体积，其相应的指数名称为“平方”和“立方”。

四、单位的符号及其使用

单位符号有中文符号和国际符号两种。在国家标准中，只推荐国际符号，未列出中文符号。鉴于目前还经常碰到中文符号，并且尚存在不少问题，所以在这里也对中文符号做扼要介绍。

（一）中文符号

（1）单位的简称可作为中文符号。组合单位的中文符号由各单位的简称组合而成。

例如：熵单位 J/K 的中文名称为焦耳每开文，其中文符号应是焦/开，而不是“焦每开”，写成“焦耳/开尔文”也是不对的。

（2）相乘组合单位的中文符号只有加“·”一种形式。

例如：力矩单位 Nm 的中文符号为“牛·米”，而不是“牛米”。

（3）相除组合单位的中文符号有加“/”和“·”两种形式。

例如：压强单位 N/m^2 的中文符号为牛/米 ^{2} 或牛·米 $^{-2}$。

（二）国际符号

国际符号是国际上通用的用拉丁字母或希腊字母表示的单位符号，也称标准化符号，在国家标准中均称单位符号。

（1）单位符号无例外地采用正体。

（2）一般单位符号为小写体，只有来源于人名的单位，其符号的首字母大写。

（3）相乘的组合单位符号有两种表示方式。

例如：普朗克常量单位为 J·s 或 Js。

（4）相除的组合单位符号有三种表示方法。

例如：热容单位为 J/K，$J\cdot K^{-1}$，JK^{-1}。

（5）分子为 1 的组合单位符号，一般采用负数幂的形式。

例如：B 的分子浓度单位为 m^{-3} 或 L^{-1}。

（6）用“/”表示除号时，分子分母与“/”处于同一行内，当分母有两个以上单位时，“/”不得多于一条。

（7）平面角单位度、分、秒在组合单位中采用（°），（′），（″）的形式。

（三）符号的使用

（1）中文符号只在必要时用于小学、初中教科书和普通书刊。

（2）国际符号可用于一切使用单位的场合。

文化部出版局、国家计量局发出的《关于贯彻〈中华人民共和国法定计量单位〉的通知》中明确指出：表达量值时，在公式、图表和文字叙述中，一律使用单位的国际符号，只在通俗出版物中使用单位的中文符号。GB 3100—3102 中只推荐单位的国际符号。因此，对于非普及性的科学技术期刊，必须一律使用国际符号。

（3）单位符号和数值均不得拆开。

例如：℃是摄氏度的符号，35℃不能写作 35° C。

（4）绝不能对单位符号进行修饰。

（5）不能把单位英文名称的非标准缩写或全称作为单位符号来使用，也不应将 ppm、pphm、ppb 等用作质量分数、体积分数、化学位移等量的单位。

（6）对量纲为一、单位为 1 的量，不能笼统地使用“%”，必须指明量的性质，也不许对“%”进行修饰。

（7）单位符号按其名称或简称读音。

（8）某些单位没有国际符号时，可用汉字与国际符号构成组合单位，如：t/月。

（9）数值与单位符号间应留适当的空隙，空隙大小通常为 0.25～0.5 字宽。

（10）在图、表等中用特定单位表示量的数值时应采用“量/单位”的标准化表示方式。

五、SI 词头

SI 词头是为了避免过大或过小的数值而加在 SI 单位之前构成十进倍数或分数单位的因数符号。

（一）符号

（1）词头中文名称的简称可以作为词头的中文符号使用。

（2）词头符号一律采用正体。

（3）表示的因数≥10^6 的七个词头符号为大写体，其余十三个均为小写体。

（4）词头符号与单位符号之间不留空隙，也不加任何符号。

（5）词头符号按其名称或简称读音。

（二）使用规则

（1）不能单独使用。

（2）不允许重叠使用。

（3）平面角和时间单位（s 除外），以及 kg、hm^2 不得使用词头构成倍数单位。

（4）使用词头构成倍数单位时，一般应使量的数值处于 0.1～1 000 范围内。

（5）万（10^4）、亿（10^8）是我国习惯用的数词，可与单位符号连用，但它们不是词头。

（6）乘方形式的倍数单位的指数，属于包括词头在内的整个单位。

（7）组合单位加词头的原则

① 相乘：词头加在整个单位前。

② 相除或乘除：词头加在整个单位之前，分母一般不加词头。

③ 当分母为长度、面积和体积单位时，分母可以选用词头。

④ 一般不对组合单位的分子分母同时加词头。

⑤ kg 不作为有词头对待。

六、科技期刊中应停止使用的单位

（1）所有市制单位。需要指出的是，按国家规定，土地面积市制单位“亩”从 2001 年起应停止使用。有关土地面积的法定单位见表 4-2。

需要注意的是单位“公顷”，我国规定使用的符号是“hm^2”，而不是国际上一部分国家使用的“ha”。

表 4-2　土地面积的法定单位及其使用场合

名称	中文符号	国际符号
平方千米	千米 ^{2}	km^2
公顷	公顷	hm^2
平方米	米 ^{2}	m^2

（2）除公斤、公里、公顷以外的“公”字头单位，如公尺、公分等。

（3）英制单位。确有必要出现某些英制单位时，请注意不要把中文符号写错，如英尺、英寸不应写作呎、吋等。

（4）其他旧杂制单位。

（5）常见尚在使用的废弃单位。表 4-3 列出了一些在刊物中常见的废弃单位及其换算系数。

表 4-3　常见废弃单位及换算系数

单位名称	符号	换算系数
微米	μ	1 μ = 1 μm
达因	dyn	$1\ dyn = 10^{-5}\ N$

续表

单位名称	符号	换算系数
千克力	kgf	1 kgf=9.806 65 kN
标准大气压	atm	1 atm=101.325 kPa
毫米汞柱①	mmHg	1 mmHg=133.322 Pa
西西	cc	1 cc=1 mL
转每分②	rpm	1 rpm=1 r/min
卡	cal	1 cal=4.186 8 J
度（电能）	1 度=1 kW·h	
（米制）马力	1 马力=735.499 W	
体积克分子浓度 M	1 M=1 mol/L=1 kmol/m^3	
当量浓度	N	1 N=（1 mol/L）÷ Z（离子电荷数）

① mmHg 可用于表示血压，但必须给出其与 kPa 的换算关系。

②“转每分”仍为法定单位“r/min”的名称

第六节　插　图

插图是在文字中配合说明内容的图。2019 年 5 月 29 日颁发的新闻出版行业标准 CY/T 171—2019《学术出版　插图》对学术出版物中的插图构成与分类、构成各部分的要求、内容要求和编排要求给出了明确规定。

一、插图的类型

由于插图包含的内容非常丰富，应用范围也很广泛，分类的方式也是多种多样的。按插图的表现方式或制作方式可分为线条图和连续色调图。按插图的内容可分为坐标曲线图、结构示意图、工作原理图、流程图和地图等。按插图与正文文字的相对位置可分为串文图和通栏图。按插图的颜色可分为单色图、双色图和多色图。由此可见，插图的类别细分是不可能完全的，许多类别的插图在应用中也是相互交叉的。

二、插图的组成与规范表达

插图一般由图、图号、图题和图注四部分组成。

（一）图

图即插图的主体部分。

（二）图号

插图的编号，又称图序。正文中提到的插图应编号，并在正文中用同一编号提及。

期刊论文中的插图宜全文依序编号，方式如“图 1”“图 2”。只有一个插图时仍应编号。分图宜使用字母编号，如图 1 的分图编号为（a）（b）等。

（三）图题

图题是图的名称或说明。插图宜有图题。没有图号的插图应有图题。图题应准确、简明地阐释插图内容。图题可以是插图的短语式标题，也可以是以完整句子形式出现的说明性文字。图题体例应大体一致。图题较长需要转行时，应从意义相对完整的停顿处转行。

图题应置于图号后，与图号之间留一字空。

图号和图题一般应置于图的正下方。图号和图题字号宜小于正文字号。图号和图题的排字宽度不宜超过图的宽度。

（四）图注

图注是对插图或插图中某些内容加以注释或说明的文字，分为图元注和整图注。不是所有的插图都有图注。

1. 图元注

图元注是图的构成单元或元素的名称或对其所做的说明。

图元注可直接注在图元附近或者通过指引线标注。如果图元注数量较多或文字较长时，可通过指引线在图元上标注注码（阿拉伯数字或拉丁字母），在图下或图侧集中放置注码和说明文字。注码应按顺时针或逆时针顺次排列。指引线应间隔均匀、排列整齐，不得相交，可画成折线，但只可曲折一次。图元的注码与说明文字之间可用一字线或下圆点隔开，各条注之间宜用分号隔开，最后一条注末应加句号。注码不应排在行尾。

图例是给出图中符号、图形、色块和比例尺等的名称和说明的图元注。图例系统应完备、一致。

2. 整图注

整图注是对插图整体（包括图的来源等）所做的说明。可用“注：”引出或用括注等形式表示。

3. 图注的编排要求

集中放置的图元注应置于图号、图题上方。图例可置于图中的适当位置。整图注应置于图题后或图题下。

图注的字号宜小于图题字号或字体轻于图题用字。

图注的排字宽度不宜超过图的宽度。

三、插图的制作要求

内容要求

1. 科学性

插图应根据诉求内容、对象、传达策略来选择恰当的表述方式，选择能有效传达关键信息的插图形式，既可起到说明、补充文字的作用，又可起到文字所不具备的作用。

插图设计应立足于科技期刊的内容。内容应符合客观实际，实验材料、实验数据、实验结果应可靠；图形绘制、字符应准确，主次应分明；各项标注项目齐全、准确；比例大小应符合实际。

2. 规范性

（1）坐标曲线图的坐标轴、标值线的画法应规范，标目、标值、坐标原点应标注完整、规范、统一。如果坐标轴表达的是定性的变量，即未给出标值线和标值，坐标原点应用字母“*O*”标注，在坐标轴的末端应按照增量方向画出箭头，标目可排在坐标轴末端的外侧。如果坐标轴上已给出标值线和标值，坐标原点应用阿拉伯数字“0”或实际数值标注，不宜画出表示增量方向的箭头，标目应与被标注的坐标轴平行，居中排印在坐标轴和标值的外侧，标注应用量与单位的比值形式，即“量的符号或名称/单位符号”。

（2）结构示意图、工作原理图的设计制作应符合现行的国家标准或行业标准。为了使大家使用共同的图形语言在国内外进行交流，这类插图的规范性要求很高。我国的制图标准是一项基础技术标准，在内容上具有统一性和通用性的特点，它涵盖了机械、建筑、水利和电气等行业。表 4-4 列出了常用的技术制图标准。

表 4-4　技术制图常用标准

标准代号	标准名称
GB/T 44572—2003	技术制图　图样画法 指引线和基准线的基本规定
GB/T 4457.4—2002	机械制图 图样画法 图线
GB/T 4458（所有部分）	机械制图
GB/T 14689—2008	技术制图 图纸幅面和格式
GB/T 14690—1993	技术制图 比例
GB/T 14691—1993	技术制图 字体
GB/T 17450—1998	技术制图 图线
GB/T 17451—1998	技术制图 图样的画法 视图
GB/T 17452—1998	技术制图 图样画法 剖视图和断面图
GB/T 17453—2005	技术制图 图样画法 剖面区域的表示法
GB/T 18686—2002	技术制图 CAD 系统用图线的表示
ISO 128（所有部分）	技术制图 一般表示原则
ISO129（所有部分）	技术制图 尺寸和公差的表示方法

第七节　表　格

科技期刊中表格的运用是比较多的，表格能够使所表述内容的逻辑性和准确性加强，它与插图像一对孪生姐妹，作为文字叙述的一双翅膀，成为现代科技文献中不可缺少的表述手段。使用合宜的表格，将使文章的篇幅紧凑，论述清晰，给人以强烈的对比效果；设计编排得当，还能起到调节款式，美化版面的作用。一般来说，表格的设计者是文章的作者，但是实践证明，对表格的编辑加工往往能对文章内涵和形态起到整装修容的作用。特别是当前，某些作者对科技论文撰写的有关标准和规范还不太熟悉，因此，编辑对表格的修改和加工更显得重要。

一、表格的构成与规范表达

表格由表号、表题、表身和表注等要素组成。表头和表身是构成表格的主体，一般分为行和栏。表格中的横线称为行线，竖线称为栏线。表头与表身之间的线称为表头线。表格四周边线称为表框线，表框线包括顶线、底线和墙线。

（一）表号

表格的编号，又称表序。表格应有表号并在正文中明确提及。

科技期刊中的表格宜全文依序编号。编号方式如“表 1”“表 2”。只有一个表格时仍应编号。

（二）表题

表题是表格的名称。表格应有表题。

表题应置于表号后，与表号之间留一字空。表题较长需要转行时，应从意义相对完整的停顿处转行。

表号和表题应置于表格顶线上方，居中或居左排。表号和表题的排字宽度一般不应超过表的宽度。

（三）表头

表头是对表格各行和各列单元格内容进行概括和提示的栏目。

表格应有表头。表头中不应使用斜线。

科技期刊一般采用三线表，三线表的横表头有第二、第三层级时，每个层次之间应加细横线分隔，细横线长短以显示清楚上下层的隶属关系为准。

横表头各单元格内容宜居中排，纵表头各单元格内容宜左齐排。

（四）表身

表头之外的单元格总体。表身和表头构成表格的主体，可以是文字、数字、符号、公式和图等。

表身中行和列的数字、文字、图形宜对齐。表中同一列中相同量的数值宜对齐，可以个位、范围号、正号“+”和负号“–”等为准。如果只有数字，以个位数对齐。如果在数字之前有正号“+”、负号“-”、正负号“±”，或者其他符号的，各号宜对齐。表示数值范围的，宜以范围号对齐。表身各单元格中的文字为多行叙述时宜左齐排。

（五）表注

表注是对表格中某些内容加以注释或说明的文字。由于表格的形式规整，空间有限，对表格的来源（出处注）、对表格的总体说明（全表注）、针对表格具体内容（内容注）的注释和补充可以最简练的文字，附注于表格的底线下方。

对既可在表身又可在表注中列出的内容，宜在表身中列出。即在表身中采用备注栏，对横纵栏目中的信息作总的解释和说明。

表格由两种或两种以上注释时，宜按出处注、全表注、内容注的顺序排列。

出处注宜以“资料来源：”引出。

全表注宜以“注：”引出。全表注的注文如果多于一条，各条之前宜加上用阿拉伯数字表示的序号。每条注文应独立排为一段，末尾用句号。

内容注应以注码引出，且应与表格内相对应的注码一致。应按在表中出现的先后顺序，在被注文字或数字的右上角标注码，在表下排注码和注释文字。注码按行标注，即第二列第一行中的注码排在第一列第二行的前面。注码宜采用圈码①、②、③。注文可分项接排，也可独立排为一段，末尾应用句号。

表注宜排在表格末端的底线下方。排字宽度不宜超过表格宽度，首行距左墙线一字空或两字空排。不应与正文注释混同编排。

二、表格的类型

一般书刊的表格按用线是否完整分为全线表、省线表和无线表。

（一）全线表

全线表为由表框线和表框线内的行线、栏线构成的表格。

（二）省线表

省线表为省略墙线或部分行线、栏线的表格。

只保留顶线、横表头线和底线的省线表为三线表。

（三）无线表

无线表是只以空距分隔栏目的表，全表无框线、行线和栏线。

三、表格的设计要求

（一）内容要求

1. 科学性

（1）表格内容应与正文配合相得益彰，内容适合用表格表达。书刊正文中的表格起着概括表述较多分类内容或数据及其相互关系的作用，能够使所表述内容的逻辑性和准确性加强。因此，如有较多分类内容和数据，多采用表格来表述。不适合用表格表述的或不能对文字语言有益补充的内容不应采用表格表述。

（2）表格应有自明性，即表格应是可读的，便于读者正确理解，只看表题、表头、表身和表注，不看正文，就可以明白表格的意思。标题应准确、简明地阐释表格的内容。表头的栏目设置也要科学、规范，应以突出问题的重点和实质为目标，统筹考虑和安排纵表头和横表头。一般情况下，纵表头用来列示研究对象的名称及分类，横表头用来列示研究对象的有关特征或指标。栏目的排列可考虑按时间先后、数量大小和空间位置等顺序合理安排。

（3）表格中的数据应具有完整性和准确性。连续数的分组应注意：一是总体中的任何一个数据只能归属于某一个组，而不能同时或可能归属于几个组，即不能有重叠；二是应使总体中的每个数据都有“组”可归，即不能有遗漏。

2. 规范性

（1）表头中量和单位的标注形式应为“量的名称、符号/单位符号”，如“质量 *m*/kg”；或“量的名称/单位符号”，如“质量/kg”；有时也可省略量名称而保留“量的符号/单位符号”，如“*m*/kg”。

GB/T 3101—1993《有关量、单位和符号的一般原则》规定：在图表中用特定单位表示的量的数值，用量和单位的比值。如果单位为复合单位，宜使用负指数形式，避免出现双斜线，引起歧义，同时还必须用圆括号将复合单位括为一个整体，如“速度 $v/(\mathrm{m \cdot s^{-1}})$”。

（2）表头中涉及的单位全部相同时，宜在表的右上方统一标注。

（3）表格中的量和单位的名称、符号及书写应符合 GB 3100～3102—1993《量和单位》的规定。

（4）表身中同一标目的数值的修约位数应一致。如果不能一致，应在表注中说明。表格中的数值修约和极限数值的书写应符合 GB/T 8170—2008《数值修约规则与极限数值的表示和判定》的规定。

（5）表格中数字形式的使用应符合 GB/T 15835—2011《出版物上数字用法》的规定。数值如有小数点，小数点前的“0”不能省略，小数点前或后每隔三位数都应留适当空隙。

（6）表格中上下左右的相邻单元格内的文字、数字或符号相同时可分别写出，不得在下行或右列使用“同上”“同左”等字样。亦可采用共用单元格的方式处理。

（7）表身内的数值不宜带单位，非十进制单位，如平面角单位和时间单位除外。

（8）表身中单元格内可使用空白或一字线“—”填充。如果需要区别数据“不适用”和“无法获得”，前者可采用空白单元格，后者可采用一字线。若在正文中没有明确说明这种区别，应在表注中说明。单元格内的数值为零时应填“0”。

（9）表身中一个单元格内如果包含两个数据，其中一个数据应用括号括起，同时需要在表题或表头中标注，或在表注中说明。

3. 一致性

（1）表格中的术语、数值和符号等应与正文及其他表格表述一致。

（2）表题与正文要呼应。

（3）表格中不应出现正文中没有交代的缩略语或符号。

（4）全书或全刊的表格的表号、表题、表头、表身、表注的格式应统一。

（二）版式要求

1. 表格位置

表格宜随文编排，排在第一次提及该表表号的正文之后，表和相应的正文应尽量靠近，不宜截断正文自然段。如果版面无法调整时，可适当变通，但不宜跨章节编排。

2. 表格的串文和串文表格的排版版式

（1）表格宽度不超过版心宽度的 1/2 时，宜串文排。

（2）表格宽度超过版心宽度 1/2 时，宜通栏排。

3. 表格排版用字和用线

（1）表号和表题的用字宜小于或轻于正文用字，字体宜重于表格其他部分的字体。表头、表身和表注的用字宜小于正文用字。表头用字不宜大于表题用字，表身用字不宜大于或重于表头用字，表注用字不宜大于或重于表身用字。

（2）同一文本中，表格用线、用字宜全书或全刊一致。

第八节　数理公式

在科技期刊特别是学术性期刊中，数学公式应用得非常之多。这也是现代科技发展的特点。许多物理性质、物理量和技术思想要得到正确的解释和表达，常常要借助于数学。科学技术越发展，就越需要定量化、模型化，也就越来越离不开数学。可以这样说，没有数学就不可能有现代高科技。

为了使科技期刊做到标准化、规范化，使数理公式的编排做到准确、规范、简明、美观，学习和掌握一些关于数学式加工处理的知识和技巧是很有必要的。

关于数学公式的编排没有专门的国家标准，《物理科学和技术中使用的数学符号》（GB 3102.11—1993）也仅仅是规定了物理科学和技术中使用的数学符号。本节介绍的一般规则，部分来自散见于各有关国家标准中的规定，部分来自于约定俗成的做法，还有一部分是总结自同行的工作经验，仅供参考。

一、数理公式的特点

从编辑加工的角度来看，数理公式的特点概括为以下“七多”。

（一）所用字母多

就文种而言，有英文、希文、俄文和德文等；就字体而言，有正体、斜体、黑体、花体、空心体、大写体和小写体等。

（二）符号或缩写字多

运算符号除四则运算符号外，常见的如 d，∫，Σ 等；缩写字如 log，max，Re，exp，inf 等。

（三）层次重叠多

（1）字母排列位置高低左右不同，花样繁多。例如有上标、下标、上上标、下下标、上下标、下上标等。

（2）叠排式。含有分式的数理公式称为叠排公式，其版式叫叠排式。叠排式的排版工价比没有分式的单行式高出 50%～100%。

（3）行列式和矩阵。

（四）表达字符与含义变化多

（1）同一个式子有不同的表示方式。

（2）同一个符号有不同的含义。

（3）同一个字母代表不同的内容。

（五）容易混淆的符号多

（六）条件限制多

例如：长式转行，有时要转多次，而转行不是随心所欲地转的；很多式子的排版、书写要求严格等。

（七）占的版面多

数学式按习惯常居中排，公式前的简短说明文字一般又占行，所以数学公式多的论文，所占的版面很多。如果有行列式和矩阵，占的版面就更多，有时甚至一个矩阵要占去一个版面。这些情况与期刊应尽量节省版面、增加信息量的要求相矛盾。

二、一般注意事项

针对数理公式的特点，为使数学式的排版做到简明、准确、规范、美观，作者在撰写有数理公式的论文及编辑在加工数理公式时，一般应注意以下九个方面。

（一）辨清字母的文种、字体，确定字母、符号及缩写字的位置、含义，细加标注

这是一项细致、复杂和难度较大的工作，不但工作量大，而且稍有疏忽，便会出错。要做好这项工作，可以从以下四个方面入手。

（1）区分易混淆的字母、符号和数字等。

（2）分清字符的字体。

（3）分清易混淆的大小写字母。

（4）确定字符的位置。字符的位置一定要书写清楚、准确，不易分辨时，须加批注符号，或用文字说明。

（二）尽可能节省版面

（1）重要公式、长式居中排，比较简单的或叙述性的式子串文排。

（2）居中排公式的字母符号说明一般可采用接排，不必每个符号说明一律另行通栏排。

（3）居中排公式前的简短说明文字，如“若“令”“故”“因为”“其中”“由式（7）得”“解方程（5）”等，顶格且与公式排在同一行上；公式占两行以上时，这类说明文字采用骑缝排或另行排较为美观。当说明文字确有需要与叠排式同行排时，说明文字应与公式的主体对齐。

（4）两个以上居中排的较短的相关公式，可排在同一行上。

（5）直排分式改为卧排式。尤其串文排的直排分式，只要有可能，通常均改为卧排式。

（6）删除简单的推导或运算过程。研究论文是给同行专家看的，不同于教科书和讲义，更不是学生做习题，只需要列出主要的过程和关键结果。

（三）注意区分主辅

（1）公式的主体应排在同一水平线上。属于公式主体的关系符号“＝”“＞”等，运算符号“∫”“Σ”等；缩写词“lim”“max”“sup”等，以及分式主线，这些符号出现在一个式子中时，一定要排在同一水平线上。

（2）分清繁分式的主辅线。主线比辅线要长，且与公式主体符号排在同一水平线上。常见的错误是把辅线与主体部分排在同一水平线上了。

（3）主辅式不能密排。主式与其条件式或说明式分开排，通常二者间空出 1～2 个字位置。

（四）具有特定含义的线段、符号不能随意加长、截短或改变

由于不注意或不了解线段、符号的含义，随便改动，以至引发错误的情况并不少见。

（1）根号线的长短应与待开方的数相称。

（2）变量上方表示平均值的线段长短有要求。

（3）特定符号不能随意改动。例如：A～B 表示 A 等价于 B；如果改成 A≈B，就表示 A 约等于 B。

（五）定积分限的表示法

（1）积分限通常排在积分号的右上、下角。

（2）如果积分限为较长的多项式，也可排在积分号的正上、下方。

（3）多重积分的积分区域必须排在积分号的正下方。

（六）公式的各单元部分不能交叉排

这种错误主要出现在加和号、积分号和缩写字等所在的部位。

（七）行列式和矩阵的排法

（1）元素包括式子时，每一列均以元素中心线为准上下对齐，列距空一个字距；行要左右排齐，行距空半个字距。

（2）元素为单个字母或数字时，每列应使正负号对齐。

（3）$m \times n$ 型矩阵 A 排法。

$$\begin{bmatrix} A_{11} & \cdots & A_{1n} \\ \vdots & & \vdots \\ A_{m1} & \cdots & A_{mn} \end{bmatrix}$$

（八）式码的标注原则

通常只有后文中要引用的前提性和结论性居中排公式才需要编式码（即公式的序号）。科技论文由于篇幅较短，其公式码宜采用自然数全文统一连续编号，并加圆括号，与公式同行排在右顶格处。

当两个以上公式并排且使用同一个式码时，公式的左端排齐，右端加排一个大括号，式码对准大括号的顶尖排在右顶格处。也可不加大括号，但式码一定要排在几个并排公式上下对称线的右顶格处。

（九）居中排公式要按习惯和需要添加点号

数理公式是用数字、字母和符号组合来表达科学的内容，与文

字叙述具有同样的功能，是文章的有机组成部分，因此，在公式与公式之间，文字与公式之间，要按习惯和需要正确地添加点号。

数理公式末端常用的点号有逗号、分号和句点（“.”），且与公式的主体部分排在同一水平线上。

三、数理公式的转行规则

当数理公式很长，一行排不下时，就得设法转行。数学式的转行是很有讲究的，它受各种条件的限制，不能随便转行。

数理公式转行出错的情况比较普遍，需要引起注意，只有掌握了转行的一般规则，并在实践中认真地执行，才能避免出错。

公式转行应遵循的一般规则是：

（1）优先在“=”或“≈”“>”“<”等关系符号处转行，关系符号留在行末，转行后的行首不必重复写出关系符号。

（2）其次可在“×”“·”“÷”“+”“−”符号处转行，这些符号留在行末，转行后的行首不必重复写出符号。

（3）不得已时可考虑在“Σ”“Π”“∫”等运算符号和“lim”“exp”等缩写字之前转行，但绝不能在这类符号之后立即转行。

（4）如果“Σ”“∫”等运算符号后面的式子一行仍无法排完，则可在其中的“+”“−”号或适当的相乘因子处转行。

（5）对于长分式，若分子分母均为多项式，则可在“+”“−”号处自行转行，并在转行处上行行末和下行行首分别加“→”和“←”符号；若分子分母均为非多项式，则可在某些适当的因子间各自转行。

（6）行列式或矩阵不能从中间拆开转行。

若行列式或矩阵中的诸元素式子太长，通栏无法排下时，可使用简单字符来代替元素，使行列式或矩阵简化，然后对每个字符加以说明。

附录　第四章涉及的主要国家标准和规范

（1）《科学技术报告、学位论文和学术论文的编写格式》（GB/T

7713—1987）；

（2）《文摘编写规则》（GB/T 6447—86）；

（3）《信息与文献 参考文献著录规则》（GB/T 7714—2005）；

（4）《汉语拼音正词法基本规则》（GB/T 16159—1996）；

（5）《文献工作——期刊刊名缩写的国际规则》（ISO 4—1984）；

（6）《科技文献章节编号方法》（CY/T 35—2001）；

（7）《标点符号用法》（GB/T 15834—2011）；

（8）《出版物上数字用法》（GB/T 15835—2011）；

（9）《量和单位》（GB 3100—3102—93）；

（10）《学术出版规范 插图》（CY/T 171—2019）；

（11）《学术出版规范 表格》（CY/T 170—2019）；

（12）《数值修约规则与极限数值的表示和判定》（GB/T 8170—2008）。

第五章　涉核科技文献中参考文献写作指导

第一节　顺序编码制的定义

目前，国内涉核期刊中，对于参考文献的引用，通常采用顺序编码制。其定义为“一种引文参考文献的标注体系，即引文采用序号标注，参考文献表按引文的序号排序”。在论文写作过程中，对于有引用的段落要及时标注，并记录该处所引用的参考文献。在文章结构调整、增删等大的动作结束后，可以将文中所有的参考文献，按照出现的先后顺序进行排序。

关于参考文献方面，有的作者的投稿中，并未标注出参考文献的引用处，可以根据不同编辑部的具体要求来灵活对待。以《核安全》投稿要求为例，《核安全》编辑部明确要求，作者的投稿中的参考文献要用顺序编码制，少部分作者的来稿中，参考文献顺序混乱，不符合要求，这会降低文章在编辑心中的质量，不利于文章的顺利刊发。

第二节　DOI 的定义

大家平时在检索资料时，会发现每篇论文都有相对应的 DOI 号，什么是 DOI，它有何用处呢？

一、什么是 DOI

DOI 是 Digital Object Identifier 的缩写，中文全称是数字对象唯一标识符。DOI 是数字资源终身不变的唯一编码。这里提到的数字资源不仅仅是论文，还涵括视频、报告和书籍等。它既有一套为资源命名的机制，也有一套将识别号解析为具体地址的协议。

DOI 的体现形式主要包括二维码、条形码、字符码和网络域名等，数字对象唯一性是 DOI 的典型特征，也是数字时代的“身份证”号码。

DOI 从形式上看，就是一个不重复的字符串，也叫唯一标识符，是国际通用、全球唯一、终身不变的数字资源标识符。正如我们每人都有自己独一无二的身份证号一样，DOI 代码具有唯一性，一旦分配，终身不变。这种特性保证了在网络环境下对数字化对象的准确提取，有效地避免重复。通过 DOI 的链接形式，可以在互联网上实现对数字资源的永久链接，克服了使用 URL 对网络数字资源进行标识时容易产生“死链”的问题。

DOI 号由两部分组成：前缀与后缀，并用斜线（/）隔开。前缀由两部分组成，一个是目录代码，所有 DOI 的目录都是“10.”，即所有 DOI 代码都以“10.”开头。另一个是登记机构代码，任何想登记 DOI 的组织或单位都可以向国际 DOI 基金会（IDF）申请登记机构代码。例如，2007 年初，中国科学技术信息研究所和万方数据联合向 IDF 申请取得了 DOI 的中文注册权，并在此基础上成立了中文 DOI 注册中心，成为中文信息服务领域的第一个 IDF 组织下的中文代理。DOI 的后缀是一个在特定前缀下唯一的后缀，由登记机构分配并确保其唯一性。后缀可以是任何字母数字码，其编码方案完全由登记机构自己来规定。后缀可以是一个机器码，或者是一个已有的规范码，如 ISBN 号或 ISSN 号。

二、DOI 是完整的唯一标识符注册、服务、标准化体系

DOI 同时是一个完整的唯一标识符注册与服务系统，包括 DOI 的命名、互联网解析、数据模型、管理政策四个部分，提供 DOI 的注册、解析、管理以及多种增值服务。DOI 系统于 2012 年正式发布为 ISO 国际标准，成为全球通用的数字资源标识、链接标准。

三、DOI 是科技论文的“身份证”

DOI 已成为科技期刊的“标准配置”及论文的“身份证”“出生

证”，全球已有四万余种科技期刊为论文注册 DOI，并使用 DOI 链接到论文。全球的数字出版行业通过 DOI 进行跨出版商、跨系统、跨语言的资源链接，DOI 还提供了知识产权保护、引文规范、使用量、引用量计量和多重解析等多种增值服务。

参考文献著录的国际标准（ISO 690）、国家标准（GB/T 7714）都推荐使用 DOI 标注引文，国外学、协会期刊规范和编排格式规范等均要求使用 DOI 标识期刊和论文、引文。

四、DOI 发展历程

1998 年美国出版商协会（Association of American Publishers，简称 AAP）创立非盈利性组织国际 DOI 基金会（International DOI Foundation，简称为 IDF），在美国国家创新研究所（CNRI）的配合下，建立并运行 DOI 系统，制定了 DOI 国际标准（ISO 26324）。目前全球已分配 DOI 号码超过一亿个，每个月通过 DOI 访问数字资源的次数达到 1.5 亿次。DOI 注册服务由 IDF 批准的全球九个 RA（DOI 注册机构）进行运行和推广。

第三节　参考文献著录格式举例

本节以若干典型示例向读者展示重点，其中重点处加粗、标红。每个示例参考文献下方均配有解读文字。

一、专著

专著的著录格式如下：

主要责任者. 题名：其他题名信息 [文献类型标识/文献载体标识]. 其他责任者. 版本项. 出版地：出版者，出版年：引文页码 [引用日期]. 获取和访问路径. 数字对象唯一标识符.

示例 1：

陈登原. 国史旧闻：**第 1 卷** [M]. 北京：中华书局，2000：29.

解析：读者在遇到对某一卷的引用时，应当知晓卷次属于“其他题名信息”。因此，将卷次的标注放在“题名”的后面，以冒号连接两端。

示例 2：

哈里森，沃尔德伦. 经济数学与金融数学［M］. **谢远涛，译**. 北京：中国人民大学出版社，2012：235-236.

解析：对于外国专著的中文译本的引用，部分读者往往把译者的名字放在“主要责任者”后面，这是错误的。译者属于“其他责任者”。

对于“引文页码”，笔者推荐作者如实填写，如果引用处确凿，建议标注出“引文页码”，以便论文的读者查找资料；如果是比较抽象的引用，横跨了很多部分，无法确定具体的引用页码，可以省略“引文页码”。

示例 3：

北京市政协民族和宗教委员会，北京联合大学民族与宗教研究所. 历代王朝与民族宗教［M］. 北京：民族出版社，2012：112.

解析：“主要责任者”不一定是具体的一个人，一位作者，可以是机构、团体。《信息与文献　参考文献著录规则》中对“主要责任者”的定义为“主要负责创建信息资源的实体，即对信息资源的知识内容或艺术内容负主要责任的个人或团体。主要责任者包括著者、编者、学位论文撰写者、专利申请者或专利权人、报告撰写者、标准提出者、析出文献的著者等”。

示例 4：

环境保护部，国家质量监督检验检疫总局. 核动力厂环境辐射防护规定：GB 6249—2011［S］. 北京：中国标准出版社，2011.

解析：很多作者的文章里，经常会引用到行业标准、国标。标准的编号属于“其他提名信息”，放在标准名的后面，以冒号连接。市面上的国家标准，基本上都是由位于北京的中国标准出版社出版，作者要熟记于心。

二、连续出版物中的析出文献

连续出版物中的析出文献的著录格式如下：

析出文献主要责任者. 析出文献题名［文献类型标识/文献载体

标识]. 连续出版物题名：其他题名信息，年，卷（期）：页码 [引用日期]. 获取和访问路径. 数字对象唯一标识符.

示例：

李国光，李明龙，韩丽英. 浅谈如何加强核安全监督员发现问题的能力 [J]. 核安全，2017，16（1）：5-7，14.

解析：参考文献中，至多列出三个作者姓名；“年，卷（期）”，如果缺乏卷数，可以省略掉，写成“年（期）”；如果缺少期数，可以省略期数，写成“年，卷”。

三、著录用文字

参考文献原则上要求用信息资源本身的语种著录。必要时，可采用双语著录。用双语著录参考文献时，首先应用信息资源的原语种著录，然后用其他语种著录。

第四节　参考文献著录细则

一、主要责任者或其他责任者

在文末参考文献中，按照《信息与文献　参考文献著录规则》（GB/T 7714—2015）要求，个人著者都采用姓在前、名在后的著录形式。欧美著者的名可以用缩写字母，缩写名后省略掉缩写点。

欧美著者的中文译名，只著录其姓。

示例：乔纳斯　　　　原题：（瑞士）伊迪斯·乔纳斯

示例：昂温　　　　原题：（美）S.昂温（Stephen Unwin）

同姓不同名的欧美著者，其中文译名不仅要著录其姓，还需著录其名的首字母。

示例：昂温 G，昂温 P S　　原题：（英）G.昂温（G.Unwin），P.S.昂温（P.S.Unwin）

作者在引用中国作者在国际期刊发表的文章时，对于用汉语拼音书写的人名，姓必须全大写，其名可以全写，也可缩写（缩写时，取每个汉字拼音的首字母）。例如 Li Jiangning，在参考文献中，可以写成 LI Jiangning，也可以写作 LI J N。

著作方式相同的责任者不超过三个时，全部照录。超过三个时，只著录前三个责任者，其后加“，等”（英文书写时，加“，et al”）。

示例：FORDHAM E W，ALI A，TURNER D A，et al.

国内的涉核期刊的参考文献部分，基本上均采用顺序编码制。对于无责任者或责任者情况不明的文献，可省略掉“主要责任者或其他责任者”，直接从著录“题名”起。

对于主要责任者不是自然人，而是机关团体的情况时，机关团体的名称应由上至下分级著录（对于外国的机关团体，上下级间用“.”分隔）。对于国外机构的文献引用时，请作者注意“上级在前，下级在后”的著录要求。

示例：Stanford University. Department of Civil Engineering

不同国家的姓名表达习惯有着显著差异，像美国、加拿大、英国、意大利、泰国和北欧诸国（丹麦、挪威、瑞典、芬兰、冰岛）等国家的习惯是名在前，姓在后；中国、日本、朝鲜、越南和匈牙利等国家习惯采用姓在前，名在后的形式。广大的科技文章作者在引用国外参考文献时，面对外国作者的姓名时往往比较头疼，很多作者图省事，就将作者的全名原文照搬，放在参考文献里。按照 GB/T 7714—2015 的要求来讲，是不正确的。

在《信息与文献　参考文献著录规则》6.3 中有明确规定：个人著者，其姓全部著录，字母全大写，名可缩写为首字母；如用首字母无法识别该人名时，则用全名。且参考文献中的英文姓名的字母，全部大写，例如 FRESE K S，KATUS H A，MEDER B。

二、版本

第一版不著录，其他版本说明应著录。下面举几个科技论文中较常用的示例。

示例：2 版（原题是“第三版”，版本要用阿拉伯数字的形式著录）

示例：新 1 版

示例：5th ed.

示例：Rev.ed.

三、出版地

出版地著录出版者所在地的城市名。对同名异地或不为人们熟悉的城市名，宜在城市名后附上省、州名或国名等限定语。

示例：Cambridge，Eng.（此为英国剑桥市）

示例：Cambridge，Mass.（此为美国马萨诸塞州剑桥市）

文献中载有多个出版地时，只著录第一个或处于显要位置的出版地。

示例：北京：科学出版社，2013　　原题：科学出版社　北京　上海　2013

示例：London：Butterworths，2000　原题：Butterworths London Boston Durban Singapore Sydney Toronto Wellington 2000

对于出版地不详的参考文献著录，很多作者的格式都不规范。有的作者会笼统的将文献所在国家的名称直接当做出版地；有的作者直接跳过，留给编辑一道“填空题”；有的作者想当然地填了一个，未经考证。其实，GB/T 7714—2015 中已有明确解答，8.4.1.3 节中表述为“无出版地的中文文献著录‘出版地不详’，外文文献著录‘S.l.’，并置于方括号内。无出版地的电子资源可省略此项”。

示例：[出版地不详]：三户图书刊行社，1990

示例：[S.l.]：MacMillan，1975

四、出版者

文献中载有多个出版者，只著录第一个或处于显要位置的出版者。

出版者不详的参考文献，与出版地不详类似，中文文献著录“出版者不详”，外文文献著录“s.n.”，并置于方括号内。无出版者的电子资源可省略此项。

示例：哈尔滨：[出版者不详]，2013

示例：Salt Lake City：[s.n.]，1964

出版社是参考文献中出现频率最高的出版者。对于英文书写的出版社，为了简洁，出版社名称需要采用缩写形式。通用的主要缩写规则如下。

（1）通常可删减的词。例如冠词（a，an，the，les 等）；介词（of，de 等）；著名出版机构名称中具有“出版公司”含义的词（Press，Editions，Books，House，Publishers，Librairie，Verlage，Inc.，Ltd.，C.，Corp. 等）。

（2）避免容易引起混淆的删减。例如，对于不知名的出版社，应保留其中具有“出版公司”含义的词(如可将Press缩写为Pr，Presses缩写为Prs等)。又如，隶属于大学（University）的出版社（Press），一定要保留 Pr，因为大学本身也可以独立从事出版活动，不必通过其附属的出版社。

（3）出版社名称中专业性学术协会或机构的名称应保留，但可缩写，如 Assoc（Association），Coll（College），Inst（Institute），Soc（Society）；如果出版社的名称包含有人名（如 Harry N.Abrams，W.W.Norton，John Wiley），保留姓即可（如 Abrams，Norton，Wiley）。

（4）如果删除某些词汇后只留下形容词，则不可删除。如 Academic Press 不可删减为 Academic。

此外，以知名机构或学会名称表示的出版者，通常可缩写成大写的首字母。如 IAEA（国际原子能机构，International Atomic Energy Agency），WANO（世界核电运营者协会，The World Association of Nuclear Operators），U.S.NRC（美国核管会，Nuclear Regulatory Commission）。

五、页码

专著或期刊中析出文献的页码或引文页码，应采用阿拉伯数字著录。引自序言或扉页题词的页码，可以按照实际情况著录。

示例：钱学森. 创建系统学 [M]. 太原：山西科学技术出版社，2001：序 2-3.

示例：冯友兰. 冯友兰自选集 [M]. 2 版. 北京：北京大学出版社，2008：第 1 版自序.

示例：李约瑟. 题词 [M] //苏克福，管成学，邓明鲁. 苏颂与《本草图经》研究. 长春：长春出版社，1991：扉页.

第五节　参考文献中常见的国外涉核机构

笔者在查询资料时，发现 WANO 的百度词条是不准确的，该词条是网友编辑的，存在大小写这样的低级错误，如图 5-1 所示，外文名中的大小写书写错误。

对于这样未经权威机构审定的词条，请谨慎采用。对于国外涉核机构，英文全称、英文缩写及中文名称基本上不会有太大异议。主要问题集中在参考文献的“出版地”，即机构总部地址。建议作者以机构官方网站上的信息为准，以维基百科的相关词条为辅助，认真比对后书写。在机构官网上，发现有“Headquarters”的字样，即可确定机构的总部所在地。

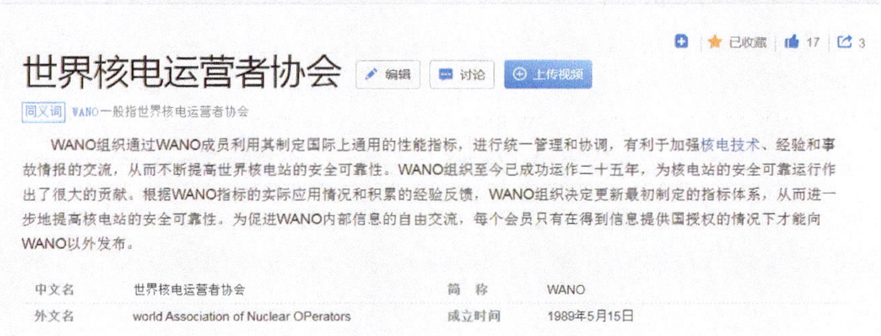

图 5-1　百度百科中“WANO”词条

一、国际机构

（一）IAEA

国际原子能机构（International Atomic Energy Agency，IAEA）是一个同联合国建立关系，并由世界各国政府在原子能领域进行科学技术合作的机构。总部设在奥地利的维也纳。组织机构包括大会、理事会和秘书处。

笔者在百度百科查询该词条时发现，该词条由“科普中国”科学百科词条编写与应用工作项目审核，处于锁定状态，网友不能参与编辑，权威性较高。

在《核安全》期刊中，文中首次出现的英文缩写都要按照“中文称呼（英文全称，简称）”的形式书写，加之像 IAEA，NRC 这样的机构已为广大涉核领域人士所熟悉，因此在参考文献中出现时，建议用“IAEA”，不用全称，可以节约版面资源。

示例：IAEA. 题名：其他题名信息［R］. Vienna：IAEA，出版年.

（二）WANO

世界核电运营者协会（The World Association of Nuclear Operators，WANO）。

在 WANO 的官网上，发现 WANO 全球有五个办公地点，分别为美国的 Atlanta，英国的 London，俄罗斯的 Moscow，法国的 Paris 及日本的 Tokyo。维基百科上标注的总部是 London，据此推断，出版地宜写为 London。

笔者又在中国辐射防护学会网站上的“专业百科”里查到了相关词条，具体如下：

世界核电运营者协会是世界核电营运单位共同签署协议成立的国际性非盈利民间组织，不倡导或代表核工业。只对成员负责，不受任何单一成员的不正当影响；也不受任何政府或监管机构的影响。它是一个全球性组织，拥有 400 多名员工，致力于改善世界各地的核安全。成立于 1989 年 5 月，总部设在英国伦敦。

示例：WANO. 题名：其他题名信息［R］. London：WANO，出版年.

（三）OECD NEA

NEA 是 OECD 的下属机构。在了解 NEA 之前，我们先来看什么是 OECD。

经济合作与发展组织，简称经合组织（OECD），是由三十六个市场经济国家组成的政府间国际经济组织，旨在共同应对全球化带来的经济、社会和政府治理等方面的挑战，并把握全球化带来的机遇。

经合组织核能署（the OECD Nuclear Energy Agency，OECD NEA），根据中国辐射防护学会网站上的“专业百科”介绍，经合组织核能署是一个政府间机构，隶属于经济合作与发展组织，旨在促进拥有先进核技术基础设施的国家之间的合作，帮助其成员维护和开发安全、环境友好，以及更加经济的核能所需的科学、技术和法律基础，进行核安全、管理、技术和法律方面的研究。成立于 1957 年，总部设在法国巴黎。

示例：OECD NEA. 题名：其他题名信息[R]. Paris：OECD NEA，出版年.

（四）IEEE

电气电子工程师协会（Institute of Electrical and Electronics Engineers，简称 IEEE），总部位于美国纽约，是一个国际性的电子技术与信息科学工程师的协会，也是目前全球最大的非营利性专业技术学会。

示例：IEEE. 题名：其他题名信息［R］. New York：IEEE，出版年.

（五）IEC

国际电工委员会（International Electrotechnical Commission，IEC）成立于 1906 年，它是世界上成立最早的国际性电工标准化机构，负责有关电气工程和电子工程领域中的国际标准化工作。国际电工委员会的总部最初位于伦敦，1948 年搬到了位于日内瓦的现总部处。

示例：IEC. 题名：其他题名信息［R］. Geneva：IEC，出版年.

（六）ICRP

国际放射防护委员会（International Commission on Radiological Protection，ICRP）是非盈利、非官方的独立国际科学组织，是在英国注册的慈善机构性质的团体，由来自 30 多个国家的 250 多名全球公认的辐射防护科学、政策和实践专家组成。主要为公众利益推动辐射防护科学的发展，特别是就电离辐射防护的各个方面提供建议和指导。目前在加拿大渥太华设有一个秘书处。

示例：ICRP. 题名：其他题名信息［R］. Ottawa：ICRP，出版年.

（七）IRPA

国际辐射防护协会（International Radiation Protection Association，IRPA）是放射防护领域的一个学术性国际专业协会，是一个非盈利性的社会团体，经国家和区域放射防护协会加入。注册地在法国，于 1965 年 6 月 19 日成立。协会通过提供良好实践的基准，鼓励应用专业行为、技能及知识的交流与合作，造福个人及社会，促进全球范围内专业能力、辐射防护文化及实践的提升。涉及的主要领域有与辐射相关的科学、技术、工程、医学和法律等。

示例：IRPA. 题名：其他题名信息［R］. France：IRPA，出版年.

（八）INSAG

国际核安全咨询组（International Nuclear Safety Advisory Group，简称 INSAG），是 IAEA 为了加强和保证核电厂安全方面的作用，邀请世界上核安全领域中一流的专家组成的咨询组织。INSAG 的主要任务是提供一个论坛，交流有国际意义核安全事项的情报，并在可能的情况下系统地提出一些普遍适用的安全概念。

出版地一项，鉴于该组织属于 IAEA 机构，出版地写维也纳。

示例：INSAG. 题名：其他题名信息［R］. Vienna：INSAG，出版年.

（九）UNSCEAR

联合国原子辐射效应科学委员会（United Nations Scientific Committee on the Effects of Atomic Radiation，简称 UNSCEAR）是 1955 年由联合国第 10 届大会通过决议而设立的科学机构。该组织的职能是对地球上存在的与电离辐射来源及电离辐射所导致的生物效应相关的科学数据信息进行系统的收集、分析和评价，以报告书的形式提交联合国。

每隔数年就会更新的 UNSCEAR 报告书汇集了全世界各种电离辐射来源和水平的最新数据，以及有关生物效应研究的最新进展，被核科学技术领域公认为是最具科学权威性的重要参考文献。

UNSCEAR 报告书是研究电离辐射源、研究电离辐射导致人类健康和生物效应的宝贵文献，也是国际放射防护委员会及国际和国家监管机构研究制定辐射防护法规与标准的科学依据和基础。

根据其官网介绍，其办事机构——秘书处（Secretariat），在维也纳。

示例：UNSCEAR. 题名：其他题名信息［R］. Vienna：UNSCEAR，出版年。

二、其他机构

（一）EPRI

美国电力研究院（The Electric Power Research Institute，简称EPRI）成立于1973年，是一个非盈利的能源和电力科研机构、协调组织，经费由美国主要的公用电力公司资助。

根据其官网显示，办公地点为加利福尼亚的Palo Alto。

示例：EPRI. 题名：其他题名信息［R］. Palo Alto：EPRI，出版年.

（二）NEI

美国核能研究所（The Nuclear Energy Institute，简称NEI），根据其官网介绍，NEI是核技术产业方面的一个组织，总部设在华盛顿特区。

这里有一个容易犯错误的地方，在写华盛顿特区时，要记得D与C的字母后都不能省略右下角的缩略点。

示例：NEI. 题名：其他题名信息［R］. Washington，D.C.：NEI，出版年.

（三）U.S.NRC

美国核管理委员会（United States Nuclear Regulatory Commission，简称U.S.NRC），中文名称常常简称为美国核管会，在书写英文简称时，由于美国核管会是业内知名机构，因此也会略去“U.S.”，直接写作NRC。作者在参考文献编辑时，对出现的两种缩写都表示认同。

NRC是美国政府的一个独立机构，1974年由美国的能源重组法案生效而产生，并于1975年1月19日开始运作。NRC总部现设在马里兰州的罗克维尔市。作为从美国原子能委员会中独立出来的机构之一，NRC的作用是保护公众健康和核能相关安全问题。该委员会负责监督反应堆的安全和安保、反应堆的许可证颁发和更新、放射性材料的许可证颁发、放射性核素安全许可证颁发和乏燃料管理（包括贮存、安全，回收和处置）。

示例：NRC. 题名：其他题名信息［S］. Rockville：NRC，出版年.

（四）DOE

美国能源部（United States Department of Energy，简称 DOE）是美国联邦政府的一个下属部门，主要负责美国联邦政府能源政策制定、能源行业管理、能源相关技术研发和武器研制等。最高领导为能源部长。

示例：DOE. 题名：其他题名信息［S］. Washington，D.C.：DOE，出版年.

（五）INPO

美国核电运营者学会/美国核动力运行研究院（The Institute of Nuclear Power Operations，简称 INPO），该机构在不同的文献中有两种中文称呼。该机构成立于 1979 年 12 月，是总部设立在亚特兰大的非营利组织。

示例：INPO. 题名：其他题名信息［R］. Atlanta：INPO，出版年.

（六）ASME

美国机械工程师协会（The American Society of Mechanical Engineer，简称 ASME），根据其官网显示，总部在纽约。

示例：ASME. 题名：其他题名信息［S］. New York：ASME，出版年.

（七）ASCE

美国土木工程师协会（The American Society of Civil Engineers，ASCE）成立于 1852 年，至今已有一百七十余年的历史，是美国历史最悠久的国家专业工程师协会。根据其官网显示，总部在弗吉尼亚州的 Reston。

示例：ASCE. 题名：其他题名信息［S］. Reston：ASCE，出版年.

（八）ANSI

美国国家标准学会（American National Standards Institute，简称 ANSI）成立于 1918 年。当时，美国的许多企业和专业技术团体已开始了标准化工作，但因彼此间没有协调，存在不少矛盾和问题。为了进一步提高效率，数百个科技学会、协会组织和团体均认为有必要成立一个专门的标准化机构，并制订统一的通用标准。1918 年，美国材料试验协会（ASTM）、美国机械工程师协会（ASME）、美国矿业与冶金工程师协会（ASMME）、美国土木工程师协会（ASCE）和美国电气工程师协会（AIEE）等组织共同成立了美国工程标准委员会（AESC）。美国政府的三个部（商务部、陆军部、海军部）也参与了该委员会的筹备工作。

1928 年，美国工程标准委员会改组为美国标准协会（ASA）。为致力于国际标准化事业和消费品方面的标准化，1966 年 8 月，又改组为美利坚合众国标准学会（USASI）。1969 年 10 月 6 日改成现名：美国国家标准学会（ANSI）。

根据其官网介绍，其总部在华盛顿特区。

示例：ANSI. 题名：其他题名信息[S]. Washington，D.C.：ANSI，出版年.

（九）ASTM

美国材料与试验协会（American Society for Testing and Materials，简称 ASTM）前身是国际材料试验协会（International Association for Testing Materials，IATM）。美国材料与试验协会是当前世界上最大的标准发展机构之一，是一个独立的非盈利性机构。ASTM 的会员已近 34 000 个，其中约 4 000 个来自美国以外的上百个国家。ASTM 已制定 10 000 多项标准。

根据其官网显示，总部位于宾夕法尼亚州的 West Conshohocken。

示例：ASTM. 题名：其他题名信息［S］. West Conshohocken：ASTM，出版年.

第六章　涉核科技文献中的英文表达

第一节　英文书刊名的标示方法

中文句子中夹有英文书籍名、报刊名时，不能借用中文书名号，而应以英文斜体字表示。英文文章的标题用引号标示。

示例：*The Evening Post* 发表了这篇评论，但把标题改成了“What We Eat Tomorrow?”。

第二节　正文中外国人名、地名的表达

在学术期刊正文的行文中，对于外国人名，一般照搬原文，并且通常只给出姓氏即可。其中，日本人、朝鲜人和越南人等的姓名在用英文表达时，最好同时在括号中给出汉字译名。对于公众耳熟能详的外国人名（如白求恩、华盛顿、马克思和斯大林等），应使用标准的中文译名。

对于外国地名，以《世界地名手册》为准，对于省或州以下的外国地名，最好直接使用原文表述。

第三节　英文大小写用法

当中文句子中夹有英文单词、词组时，无论其位于中文句子的开头、中间还是末尾，普通单词、词组一律小写；专名等在英文中必须大写的单词、词组均须保留其大写形式。

示例：在指一个国家的全体人民时，要用定冠词 the，如 the Chinese people、the English people、the American people 等。

示例：在英文里，I（我）不管用在句首、句内，还是句末，都

只有大写一种形式。

示例：the river 在这个句子里指的并非上文提到的 the Rhine。

夹用英文的中文句子中夹有完整的英文句子时，无论该英文句子是陈述句、疑问句还是感叹句，无论其位于中文句子的开头、中间还是末尾，其首字母的大写形式均须保留。

示例：Time is money 是一则谚语，意思是“时间就是金钱/一寸光阴一寸金”。

示例：由 time 组成的谚语还有很多，如“Time and tide wait（s）for no man.（时不我待。）”“Lost time is never found again.（岁月既往，不可复追。）”“Time flies.（光阴如箭，日月如梭。）”等。

第七章　涉核科技文献中常用标点符号的使用

根据《标点符号用法》（GB/T 15834—2011），从中摘录一些较为典型、容易混淆的例子，供读者参考。

标点符号分为点号、标号。点号的作用是点断，主要表示停顿和语气。点号分为句末点号和句内点号。

句末点号，顾名思义，是用于句末的点号，表示句末停顿和句子的语气。包括句号、问号、叹号。

句内点号是用于句内的点号，表示句子内部各种不同性质的停顿。包括顿号、逗号、分号、冒号。

标号的作用是标明，主要表示某些成分（主要是词语）的特定性质和作用。标号包括引号、括号、破折号、省略号、着重号、连接号、间隔号、书名号、专名号、分隔号。

第一节　问　号

（1）选择问句中，通常只在最后一个选项的末尾用问号，各个选项之间一般用逗号隔开。当选项较短且选项之间几乎没有停顿时，选项之间可不用逗号。当选项较多或较长，或有意突出每个选项的独立性时，也可每个选项之后都用问号。

示例：诗中记述的这场战争究竟是真实的历史描述，还是诗人的虚构？

示例：这是巧合还是有意安排？

示例：要一个什么样的结尾：现实主义的？传统的？大团圆的？荒诞的？民族形式的？有象征意义的？

示例：（他看着我的作品称赞了我。）但到底是称赞我什么：是有几处画得好？还是什么都敢画？抑或只是一种对于失败者的无可奈何的安慰？我不得而知。

示例：这一切都是由客观的条件造成的？还是由行为的惯性造成的？

（2）在多个问句连用或**表达疑问语气加重**时，可叠用问号。通常应先单用，再叠用，最多叠用三个问号。在没有异常强烈的情感表达需要时不宜叠用问号。

示例：这就是你的做法吗？你这个总经理是怎么当的？？你怎么敢这样欺骗消费者？？？

（3）问号也有标号的用法，即用于句内，表示存疑或不详。

示例：马致远（1250？—1321），大都人，元代戏曲家、散曲家。

示例：钟嵘（？—518），颍川长社人，南朝梁代文学批评家。

示例：出现这样的文字错误，说明作者（编者？校者？）很不认真。

第二节　叹　号

（1）用于拟声词后，表示声音短促或突然。

示例：咔嚓！一道闪电划破了夜空。

示例：咚！咚咚！突然传来一阵急促的敲门声。

（2）表示声音巨大或声音不断加大时，可叠用叹号；表达强烈语气时，也可叠用叹号，最多叠用三个叹号。在没有异常强烈的情感表达时不宜叠用叹号。

示例：轰！！在这天崩地塌的声音中，女娲猛然醒来。

示例：我要揭露！我要控诉！！我要以死抗争！！！

（3）当句子包含疑问、感叹两种语气且都比较强烈时（如带有强烈感情的反问句和带有惊愕语气的疑问句），可在问号后再加叹号（问号、叹号各一）。

示例：这么点困难就能把我们吓倒吗？！

示例：他连这些最起码的常识都不懂，还敢说自己是高科技人才？！

第三节　逗　号

在编辑工作中发现，一些科技论文的作者朋友不注意逗号的使用。经常是很长的一句话占据几行，没有句内点号，只有一个句号收尾。这对文章的读者的阅读体验是有负面影响的。良好的使用逗号，将文章的主语、谓语、宾语、定语和状语等作出较好的区分，良好的句内停顿可以为广大读者提供较好的阅读体验，对于文章内容的表达也会有较好的理解。下面列举一些容易被大家忽视的逗号的用法。

一、用于下列各种语法位置

（一）较长的主语之后

示例：苏州园林建筑各种门窗的精美设计和雕镂功夫，都令人叹为观止。

（二）句首的状语之后

示例：在苍茫的大海上，狂风卷集着乌云。

（三）较长的宾语之前

示例：有的考古工作者认为，南方古猿生存于上新世至更新世的初期和中期。

（四）带句内语气词的主语（或其他成分）之后，或带句内语气词的并列成分之间

示例：他呢，倒是很乐意地、全神贯注地干起来了。

示例：（那是个没有月亮的夜晚。）可是整个村子——白房顶啦，白树林啦，雪堆啦，全看得见。

（五）较长的主语中间、谓语中间或宾语中间

示例：母亲沉痛的诉说，以及亲眼看到的事实，都启发了我幼年时期追求真理的思想。

示例：那姑娘头戴一顶草帽，身穿一条绿色的裙子，腰间还系着一根橙色的腰带。

示例：必须懂得，对于文化传统，既不能不分青红皂白统统抛

弃，也不能不管精华糟粕全盘继承。

（六）前置的谓语之后或后置的状语、定语之前

示例：真美啊，这条蜿蜒的林间小路。

示例：她吃力地站了起来，慢慢地。

示例：我只是一个人，孤孤单单的。

二、用于下列各种停顿处

（一）复指成分或插说成分前后

示例：老张，就是原来的办公室主任，上星期已经调走了。

示例：车，不用说，当然是头等。

（二）语气缓和的感叹语、称谓语或呼唤语之后。

示例：哎哟，这儿，快给我揉揉！

示例：大娘，您到哪儿去啊？

示例：喂，你是哪个单位的？

（三）某些序次语（“第”字头、“其”字头及“首先”类序次语）之后。这里的用法要注意与下文中序次语后接顿号的用法作区分

示例：为什么许多人都有长不大的感觉呢？原因有三：第一，父母总认为自己比孩子成熟；第二，父母总要以自己的标准来衡量孩子；第三，父母出于爱心而总不想让孩子在成长的过程中走弯路。

示例：《玄秘塔碑》所以成为书法的范本，不外乎以下几方面的因素：其一，具有楷书点画、构体的典范性；其二，承上启下，成为唐楷的极致；其三，字如其人，爱人及字，柳公权高尚的书品、人品为后人所崇仰。

示例：下面从三方面讲讲语言的污染问题：首先，是特殊的语言环境中的语言污染问题；其次，是滥用缩略词引起的语言污染问题；再次，是空话和废话引起的语言污染问题。

第四节　顿　号

对于顿号的使用，很多作者在以下两方面经常出错，特此说明。

（1）用于某些序次语（不带括号的汉字数字或“天干地支”类序次语）之后。

示例：我准备讲两个问题：一、逻辑学是什么？二、怎样学好逻辑学？

示例：风格的具体内容主要有以下四点：甲、题材；乙、用字；丙、表达；丁、色彩。

（2）标有引号的并列成分之间、标有书名号的并列成分之间通常不用顿号。若有其他成分插在并列的引号之间或并列的书名号之间（如引语或书名号之后还有括注），宜用顿号。

示例：“日”“月”构成“明”字。

示例：店里挂着“顾客就是上帝”“质量就是生命”等横幅。

示例：《红楼梦》《三国演义》《西游记》《水浒传》，是我国长篇小说的四大名著。

示例：李白的“白发三千丈”（《秋浦歌》）、“朝如青丝暮成雪”（《将进酒》）都是脍炙人口的诗句。

示例：办公室里订有《人民日报》（海外版）、《光明日报》和《时代周刊》等报刊。

第五节　冒　号

一个句子内部一般不应套用冒号。在列举式或条文式表述中，如不得不套用冒号时，宜另起段落来显示各个层次。

示例：第十条　遗产按照下列顺序继承：

第一顺序：配偶、子女、父母。

第二顺序：兄弟姐妹、祖父母、外祖父母。

第六节　括　号

括号的主要形式是圆括号“（）”，其他形式还有方括号“[　]”，六角括号“〔　〕”和方头括号“【　】”等。下面为读者列举不同括号的基本用法。

一、下列情况，均用圆括号

（一）标示注释内容或补充说明

示例：我校拥有特级教师（含已退休的）17 人。

示例：我们不但善于破坏一个旧世界，我们还将善于建设一个新世界！（热烈鼓掌）

（二）标示订正或补加的文字

示例：信纸上用稚嫩的字体写着："阿夷（姨），你好！"。

示例：该建筑公司负责的建设工程全部达到优良工程（的标准）。

（三）标示序次语

示例：语言有三个要素：（1）声音；（2）结构；（3）意义。

示例：思想有三个条件：（1）事理；（2）心理；（3）伦理。

（四）标示引语的出处

示例：他说得好："未画之前，不立一格；既画之后，不留一格。"（《板桥集·题画》）

（五）标示汉语拼音注音

示例："的（de）"这个字在现代汉语中最常用。

二、标示作者国籍或所属朝代时，可用方括号或六角括号

示例：[英] 赫胥黎《进化论与伦理学》

示例：〔唐〕杜甫著

三、报刊标示电讯、报道的开头，可用方头括号

示例：【新华社南京消息】

四、标示公文发文字号中的发文年份时，可用六角括号。在论文写作时，会涉及对公文的引用，建议作者对发文字号中的发文年份，统一使用六角括号

示例：国发〔2011〕3 号文件

五、标示被注释的词语时，可用六角括号或方头括号

示例：〔奇观〕奇伟的景象。

示例：【爱因斯坦】物理学家。生于德国，1933 年因受纳粹政治迫害，移居美国。

六、除科技书刊中的数学、逻辑公式外，所有括号（特别是同一形式的括号）应尽量避免套用。必须套用括号时，宜采用不同的括号形式配合使用

示例：［茸（róng）毛］很细很细的毛。

第七节　连接号

连接号是标号的一种，标示某些相关联成分之间的连接。连接号的形式有短横线“-”、一字线“—”和浪纹线“～”三种。

连接号的使用，在论文中经常出现，且经常出现不规范使用的情况。下面列典型用法。

一、标示下列各种情况，均用短横线

（一）化合物的名称或表格、插图的编号

示例：3-戊酮为无色液体，对眼及皮肤有强烈刺激性。

参见下页表 2-8、表 2-9。

（二）连接号码，包括门牌号码、电话号码，以及用阿拉伯数字标示年月日等。很多作者在连接号码时常常用一字线，这是错误的

示例：书院南街 13 号院 1-5-13 室

示例：联系电话：010-82205716

示例：2021-03-07

（三）在复合名词中起连接作用

示例：吐鲁番-哈密盆地

（四）某些产品的名称和型号。涉核论文的写作中，经常涉及核电堆芯型号，很多作者会将短横线和一字线混用。在今后的写作中涉及产品名称、型号时，请注意正确使用短横线

示例：WZ-10 直升机具有复杂天气和夜间作战的能力。

（五）汉语拼音、外来语内部的分合

示例：盎格鲁-撒克逊人

示例：让-雅克・卢梭（“让-雅克”为双名）

示例：皮埃尔・孟戴斯-弗朗斯（“孟戴斯-弗朗斯”为复姓）

二、标示下列各种情况，一般用一字线，有时也可用浪纹线

（一）标示相关项目（如时间、地域等）的起止

示例：沈括（1031—1095），宋朝人。

示例：2011 年 2 月 3 日—10 日

示例：北京—长春卧铺列车

（二）标示数值范围（由阿拉伯数字或汉字数字构成）的起止

示例：25～30 g

示例：第五～第八课

第八节　间隔号

以月、日为标志的事件或节日，用汉字数字表示时，只在一、十一和十二月后用间隔号；当直接用阿拉伯数字表示时，月、日之间均用间隔号（半角字符）。

示例：“九一八”事变　“五四”运动

示例：“一・二八”事变　“一二・九”运动

示例：“3・15”消费者权益日　“9・11”恐怖袭击事件

第九节　书名号

书名号是标号的一种，标示语段中出现的各种作品的名称。书名号的形式有双书名号“《　》”和单书名号“〈　〉”两种。平时涉及的书名号，基本都是双书名号。

一、标示书名、卷名、篇名、刊物名、报纸名和文件名等

示例：《海伯利安》（书名）
示例：《史记·项羽本纪》（卷名）
示例：《浅谈如何加强核安全监督员发现问题的能力》（篇名）
示例：《核安全》（刊物名）
示例：《中国环境报》（报纸名）
示例：《信息研究所 2021 年年终总结会议纪要》（文件名）

二、标示电影、电视、音乐、诗歌和雕塑等各类用文字、声音和图像等表现的作品的名称

示例：《人潮汹涌》（电影名）
示例：《乡村爱情 13》（电视剧名）
示例：《我的春晚我的年》（歌曲名）
示例：《沁园春·雪》（诗词名）
示例：《东方欲晓》（雕塑名）
示例：《开门大吉》（电视节目名）
示例：《核与辐射安全专版》（栏目名）
示例：《庄子研究文献数据库》（光盘名）
示例：《植物生理学系列挂图》（图片名）

三、标示全中文或中文在名称中占主导地位的软件名

示例：科研人员正在研制《电脑卫士》杀毒软件。

四、标示作品名的简称

示例：我读了《念青唐古拉山脉纪行》一文（以下简称《念》），收获很大。

五、当书名号中还需要书名号时，里面一层用单书名号，外面一层用双书名号

示例：《教育部关于提请审议〈高等教育自学考试试行办法〉的报告》

第十节　横排文稿标点符号的位置和书写形式

当前市面上的期刊、书籍等，基本上都是横排文稿（少量复刻的线装书除外）。作者在撰写论文时，可不用太在意标点符号的位置，因为文章投稿后，还需要经过编辑初审、审稿专家修改和作者本人修改等过程，且在 word 文档里呈现的排版形式不是最终形式，还需要经过专业排版软件排版，才能呈现出印刷后的版面形式。

文章在付梓印刷前，都会将文章清样反馈给作者。在审读清样时，请作者务必结合本节标点符号的位置、书写形式的规范，核对自己文章中的标点符号，与编辑一起完善文章，力求给读者呈现出尽可能完美的论文。一篇好的科技论文，内容的含金量固然重要，行文的标点符号用法也不能马虎。

（1）句号、逗号、顿号、分号、冒号均置于相应文字之后，占一个字位置，居左下，不出现在一行之首。

（2）问号、叹号均置于相应文字之后，占一个字位置，居左，不出现在一行之首。两个问号（或叹号）叠用时，占一个字位置；三个问号（或叹号）叠用时，占两个字位置；问号和叹号连用时，占一个字位置。

（3）引号、括号、书名号中的两部分标在相应项目的两端，各占一个字位置。其中前一半不出现在一行之末，后一半不出现在一行之首。

（4）破折号标在相应项目之间，占两个字位置，上下居中，不能中间断开分处上行之末和下行之首。

（5）省略号占两个字位置，两个省略号连用时占四个字位置，且必须单独占一行。省略号与破折号一样，不能中间断开分处上行之末和下行之首。

（6）连接号中的短横线比汉字“一”略短，占半个字位置；一字线比汉字“一”略长，占一个字位置；浪纹线占一个字位置。连接号上下居中，不出现在一行之首。

（7）间隔号标在需要隔开的项目之间，占半个字位置，上下居中，不出现在一行之首。

（8）分隔号占半个字位置，不出现在一行之首或一行之末。

第十一节　标点符号用法的补充规则

一、句号用法补充规则

图或表的短语式说明文字，中间可用逗号，但末尾不用句号。即使有时说明文字较长，前面的语段已出现句号，最后结尾处仍不用句号。

示例：发展中的核电企业

示例：经过治理，本市市容市貌焕然一新，这是某区街道一景

二、问号用法补充规则

使用问号应以句子表示疑问语气为依据，而不是根据句子中包含有疑问词。当含有疑问词的语段充当某种句子成分，而句子并不表示疑问语气时，句末不用问号。

示例：他们的行为举止、审美趣味，甚至读什么书，坐什么车，都在媒体掌握之中。

示例：谁也不见，什么也不吃，哪儿也不去。

示例：我也不知道他究竟躲到什么地方去了。

三、逗号用法补充规则

在使用顿号表示较长、较多或较复杂的并列成分之间的停顿时，最后一个成分前可用“以及（及）”进行连接，“以及”之前应用逗号。

示例：压力过大、工作时间过长、作息不规律，以及忽视营养均衡等，均会导致健康状况的下降。

四、顿号用法补充规则

（1）表示含有顺序关系的并列各项间的停顿，用顿号，不用逗号。

示例：表示人、事物、行为之间的相互对待关系。

（2）用阿拉伯数字标示年月日的简写形式时，用短横线连接号，不用顿号。

示例：2021-03-07

五、分号用法补充规则

分项列举的各项中，有一项或多项已包含句号时，各项的末尾不能再用分号。

示例：本市先后建立起三大农业生产体系：一是建立甘蔗生产服务体系。成立糖业服务公司，主要给农民提供机耕等服务。二是建立桑蚕生产服务体系。……。三是建立热作服务体系。……。

六、冒号用法补充规则

（1）冒号用在提示性话语之后引起下文。表面上类似但实际不是提示性话语的，其后用逗号。

示例：郦道元《水经注》记载："沼西际山枕水，有唐叔虞祠。"（提示性话语）

示例：据《苏州府志》载，苏州城内大小园林约有 150 多座，可算名副其实的园林之城。（非提示性话语）

（2）冒号提示范围无论大小（一句话、几句话甚至几段话），都应与提示性话语保持一致（即在该范围的末尾要用句号点断）。应避免冒号涵盖范围过窄或过宽。

示例：艾滋病有三个传播途径：血液传播、性传播和母婴传播，日常接触是不会传播艾滋病的。（误）

艾滋病有三个传播途径：血液传播、性传播和母婴传播。日常接触是不会传播艾滋病的。（正）

（3）冒号应用在有停顿的地方，无停顿处不应用冒号。

示例：他头也不抬，冷冷地问："你叫什么名字？（有停顿）

示例：这事你得拿主意，光说"不知道"怎么行？（无停顿）

七、引号用法补充规则

“丛刊”“文库”“系列”“书系”等作为系列著作的选题名，宜用引号标引。当“丛刊”等作为选题名的一部分时，放在引号之内，反之则放在引号之外。

示例：“汉译世界学术名著丛书”

示例：“中国哲学典籍文库”

示例：“20 世纪心理学通览”丛书

八、括号用法补充规则

括号可分为句内括号和句外括号。句内括号用于注释句子里的某些词语，即本身就是句子的一部分，应紧跟在被注释词语之后。句外括号则用于注释句子、句群或段落，即本身结构独立，不属于前面的句子、句群或段落，应位于所注释语段的句末点号之后。

示例：标点符号是辅助文字记录语言的符号，是书面语的有机组成部分，用来表示句子的停顿、语气以及标示某些成分（主要是词语）的特定性质和作用。（数学符号、货币符号和校勘符号等特殊领域的专门符号不属于标点符号。）

九、连接号用法补充规则

浪纹线连接号用于标示数值范围时，在不引起歧义的情况下，前一数值附加符号或计量单位可省略。

示例：5 公斤～100 公斤（正）

5～100 公斤（正）

十、书名号用法补充规则

（1）不能视为作品的课程、课题、奖品奖状、商标、证照、组织机构、会议和活动等名称，不应用书名号。作者的写作过程中，会错误地将课题、商标、证照和活动等名称用书名号括起来，尤其是证照、会议名称，切记不要用书名号！以下列举的是错误示例：

示例：下学期本中心将开设《现代企业财务管理》《市场营销》

两门课程。

示例：明天将召开《关于“两保两挂”的多视觉理论思考》课题立项会。

示例：本市将向 70 岁以上（含 70 岁）老人颁发《敬老证》。

示例：本校共获得《最佳印象》《自我审美》《卡拉 OK》等六个奖杯。

示例：《闪光》牌电池经久耐用。

示例：《文史杂志社》编辑力量比较雄厚。

示例：本市将召开《全国食用天然色素应用研讨会》。

示例：本报将于今年暑假举行《墨宝杯》书法大赛。

（2）有的名称应根据指称意义的不同确定是否用书名号。如文艺晚会指一项活动时，不用书名号；而特指一种节目名称时，可用书名号。再如展览作为一种文化传播的组织形式时，不用书名号；特定情况下将某项展览作为一种创作的作品时，可用书名号。

示例：中央广播电视总台的 2021 年春节联欢晚会受到观众的称赞与好评。

示例：本台将重播《2021 年春节联欢晚会》。

示例：“雪域明珠——中国西藏文化展”今天隆重开幕。

示例：《大地飞歌艺术展》是一部大型现代艺术作品。

（3）书名有时带有括注。如果括注是书名、篇名等的一部分，应放在书名号之内，反之则应放在书名号之外。

示例：《琵琶行（并序）》

示例：《中国人民共和国民事诉讼法（试行）》

示例：《新政治协商会议筹备会组织条例（草案）》

示例：《百科知识》（彩图版）

示例：《人民日报》（海外版）

十一、分隔号用法补充规则

分隔号的形式是“/”。分隔号又称正斜线号，作者需要与反斜线号“\”相区别（反斜线号主要用于计算机编程语言里）。使用分隔号时，紧贴着分隔号的前后通常不用点号。

第十二节　易混标点符号用法比较

一、逗号、顿号表示并列词语之间停顿的区别

逗号和顿号都表示停顿，但逗号表示的停顿长，顿号表示的停顿短。并列词语之间的停顿一般用顿号，但当并列词语较长或其后有语气词时，为了表示稍长一点的停顿，也可用逗号。

示例：我喜欢的城市有杭州、苏州、西安和三亚。

示例：我们需要了解全局和局部的统一，必然和偶然的统一，本质和现象的统一。

示例：看游记最难弄清位置和方向，前啊，后啊，左啊，右啊，看了半天，还是不明白。

二、逗号、顿号在表列举省略的“等”“等等”之类词语前的使用

并列成分之间用顿号，末尾的并列成分之后用“等”“等等”之类词语时，“等”类词前不用顿号或其他点号；并列成分之间用逗号，末尾的并列成分之后用“等”类词时，“等”类词前应用逗号。

示例：现代生物学、物理学、化学、数学等基础科学的发展，带动了医学科学的进步。

示例：写文章前要想好：文章主题是什么，用哪些材料，哪些详写，哪些略写，等等。

三、逗号、分号表示分句间停顿的区别

当复句的表述不复杂、层次不多，相连的分句语气比较紧凑、分句内部也没有使用逗号表示停顿时，分句间的停顿多用逗号。当用逗号不易分清多重复句内部的层次（如分句内部已有逗号），而用句号有可能割裂前后关系的地方，应用分号表示停顿。

示例：她拿起钥匙，开了箱上的锁，又开了首饰盒上的锁，往老地方放钱。

示例：纵比，即以一事物的各个发展阶段作比；横比，则以事物与彼事物相比。

四、顿号、逗号、分号在标示层次关系时的区别

句内点号中，顿号表示的停顿最短、层次最低，通常只能表示并列词语之间的停顿；分号表示的停顿最长、层次最高，可以用来表示复句的第一层分句之间的停顿；逗号介于两者之间，既可表示并列词语之间的停顿，也可表示复句中分句之间的停顿。若分句内部已用逗号，分句之间就应用分号。**用分号隔开的几个并列分句不能由逗号统领或总结。**

示例：有的学会烤烟，自己做挺讲究的纸烟和雪茄；有的学会蔬菜加工，做的番茄酱能吃到冬天；有的学会蔬菜腌渍、窖藏，使秋菜接上春菜。

示例：动物吃植物的方式多种多样，有的是把整个植物吃掉，如原生动物；有的是把植物的大部分吃掉，如鼠类；有的是吃掉植物的要害部位，如鸟类吃掉植物的嫩芽。（误）

动物吃植物的方式多种多样：有的是把整个植物吃掉，如原生动物；有的是把植物的大部分吃掉，如鼠类；有的是吃掉植物的要害部位，如鸟类吃掉植物的嫩芽。（正）

五、冒号、逗号用于“说”“道”之类词语后的区别

位于引文之前的“说”“道”后用冒号。位于引文之后的“说”“道”分两种情况：处于句末时，其后用句号；“说”“道”后还有其他成分时，其后用逗号。插在话语中间的“说”“道”类词语后只能用逗号表示停顿。

示例：他说：“年夜饭之前先下楼放鞭炮吧。”

示例：“今年的晚会真精彩！”他说。

示例：“我有件事忘了说……”，他说，表情有点为难。

示例：“现在请皇上脱下衣服，”两个骗子说，“好让我们为您换上新衣。”

六、破折号与括号表示注释或补充说明时的区别

破折号用于表示比较重要的解释说明，这种补充是正文的一部分，可与前后文连续；而括号表示比较一般的解释说明，只是注释而非正文，可不与前后文连续。

示例：在今年——辛丑牛年，必将取得更好的成绩。

示例：哈雷在牛顿思想的启发下，终于认出了他所关注的彗星（该星后人称为哈雷彗星）。

七、书名号、引号在“题为……”“以……为题”格式中的使用

“题为……”“以……为题”中的“题”，如果是诗文、图书、报告或其他作品可作篇名、书名看待时，可用书名号；如果是写作、科研、辩论、谈话的主题，非特定作品的标题，应用引号。即“题为……”“以……为题”中的“题”应根据其类别分别按书名号和引号的用法处理。

示例：有篇题为《柳宗元的诗》的文章，全文才 2 000 字，引文不实却达 11 处之多。

示例：今天一个以“地球·人口·资源·环境”为题的大型宣传活动在此间举行。

示例：《我的老师》写于 1956 年 9 月，是作者应《教师报》之约而写的。

示例：“我的老师”这类题目，同学们也许都写过。

第十三节　两个标点符号连用说明

一、行文中表示引用的引号内外的标点用法

在科技论文的写作中，会遇到引用行业标准、文献原文等情况。很多作者对于句号一类的句末点号到底放在引号里，还是放在引号外拿捏不准。这里向读者详细说明。

当引文完整且独立使用，或虽不独立使用但带有问号或叹号时，引号内句末点号应保留。除此之外，引号内不用句末点号。

当引文处于句子停顿处（包括句子末尾）且引号内未使用点号时，引号外应使用点号；当引文位于非停顿处或者引号内已使用句末点号时，引号外不用点号。

示例：“苔花如米小，也学牡丹开。”他最喜欢这两句诗。

示例：书价上涨令许多读者难以接受，有些人甚至发出“还买得起书吗？”的疑问。

示例：他以“条件还不成熟，准备还不充分”为由，否决了我们的提议。

示例：你这样“明日复明日”地要拖到什么时候？

示例：司马迁为了完成《史记》的写作，使之“藏之名山”，忍受了人间最大的侮辱。

示例：在施工中要始终坚持“把质量当生命”。

示例：“言之无文，行而不远”这句话，说明了文采的重要。

示例：俗话说：“墙头一根草，风吹两边倒。”用这句话来形容此辈再恰当不过。

二、行文中括号内外的标点用法

括号内行文末尾需要时可用问号、叹号和省略号。除此之外，句内括号行文末尾通常不用标点符号。句外括号行文末尾是否用句号由括号内的语段结构决定：若语段较长、内容复杂，应用句号。句内括号外是否用点号取决于括号所处位置：若句内括号处于句子停顿处，应用点号。句外括号外通常不用点号。

示例：如果不采取（但应如何采取呢？）十分具体的控制措施，事态将进一步扩大。

示例：3 分钟过去了（仅仅才 3 分钟！），从眼前穿梭而过的出租车竟达 32 辆！

示例：她介绍时用了一连串比喻（有的状如树枝，有的貌似星海……），非常形象。

示例：科技协作合同（包括科研、试制、成果推广等）根据上级主管部门或有关部门的计划签订。

示例：应把夏朝看作原始公社向奴隶制国家过渡时期。（龙山文化遗址里，也有俯身葬。俯身者很可能就是奴隶。）

示例：问：你对你不喜欢的上司是什么态度？

答：情感上疏远，组织上服从。（掌声，笑声）

示例：古汉语（特别是上古汉语），对于我来说，有着常人无法想象的吸引力。

示例：由于这种推断尚未经过实践的考验，我们只能把它作为假设（或假说）提出来。

示例：人际交往过程就是使用语词传达意义的过程。（严格说，这里的“语词”应为语词指号。）

三、破折号前后的标点用法

破折号之前通常不用点号；但根据句子结构和行文需要，有时也可分别使用句内点号和句末点号。破折号之后通常不会紧跟着使用其他点号；但当破折号表示语音的停顿或延长时，根据语气表达的需要，其后可紧接问号或叹号。

示例：小妹说：“我现在工作得挺好，老板对我不错，工资也挺高。——我能抽支烟吗？”（表示话题的转折）

示例：我不是自然主义者，我主张文学高于现实，能够稍稍居高临下地去看现实，因为文学的任务不仅在于反映现实。光描写现存的事物还不够，还必须记住我们所希望的和可能产生的事物。必须使现象典型化。应该把微小而有代表性的事物写成重大的和典型的事物。——这就是文学的任务。（表示对前几句话的总结）

示例：“是她——？”石一川简直不敢相信自己的耳朵。

示例：“我终于考上大学啦！我终于考上啦——！”金石开兴奋得快要晕过去了。

四、省略号前后的标点用法

省略号之前通常不用点号。以下两种情况例外：省略号前的句子表示强烈语气、句末使用问号或叹号时；省略号前不用点号就无法标示停顿或表明结构关系时。省略号之后通常也不用点号，但当句末表达强烈的语气或感情时，可在省略号后用问号或叹号；当省略号后还有别的话、省略的文字和后面的话不连续且有停顿时，应在省略号后用点号；当表示特定格式的成分虚缺时，省略号后可用点号。

示例：想起这些，我就觉得一辈子都对不起你。你对梁家的好，我感激不尽！……

示例：他进来了，……一身军装，一张朴实的脸，站在我们面前显得很高大，很年轻。

示例：这，这是……？

示例：动物界的规矩比人类还多，野骆驼、野猪、黄羊……，直至塔里木兔、跳鼠，都是各行其路，绝不混淆。

示例：大货被渐渐扑灭，但一片片油污又旋即出现在遇难船旁……。清污船迅速赶来，并施放围栏以控制油污。

示例：如果……，那么……。

第十四节　序次语之后的标点用法

（1）不带括号的阿拉伯数字、拉丁字母或罗马数字作序次语时，后面用下角点（该符号属于外文的标点符号）。

示例：总之，语言的社会功能有三点：1. 传递信息，交流思想；2. 确定关系，调节关系；3. 组织生活，组织生产。

示例：本课一共讲解三个要点：A. 生理停顿；B. 逻辑停顿；C. 语法停顿。

（2）加括号的序次语后面不用任何点号。

示例：受教育者应履行以下义务：（一）遵守法律、法规；（二）努力学习，完成规定的学习任务；（三）遵守所在学校或其他教育机构的制度。

示例：科学家很重视下面几种才能：（1）想象力；（2）直觉的理解力；（3）数学能力。

（3）阿拉伯数字与下角点结合表示章节关系的序次语末尾不用任何点号。

示例：3 停顿

3.1　生理停顿

3.2　逻辑停顿

（4）用于章节、条款的序次语后宜用空格表示停顿。

示例：第一课　春天来了

（5）序次简单、叙述性较强的序次语后不用标点符号。

示例：语言的社会功能有三点：一是传递信息；二是确定关系；三是组织生活。

（6）科技论文中，经常要分章节，不同章节中往往也有细分的条目。很多作者在使用章节前的序次语时，上下层的序次语使用不规范，下文将统一解释说明，望广大读者规范使用序次语及其后标点。

同类数字形式的序次语，带括号的通常位于不带括号的下一层。通常第一层是带有顿号的汉字数字；第二层是带括号的汉字数字；第三层是带下角点的阿拉伯数字；第四层是带括号的阿拉伯数字；再往下可以是带圈的阿拉伯数字或小写拉丁字母。一般可根据文章特点选择从某一层序次语开始行文，选定之后应顺着序次语的层次向下行文，但使用层次较低的序次语之后不宜反过来再使用层次更高的序次语。

示例：一、……

（一）……

1.……

（1）……

① /a.……

第十五节　夹用英文的中文文本的标点符号用法

一、句号

（一）形式

中文句号为小圆圈“。”，为全角字符；英文句号为小圆点“.”，为半角字符。

（二）基本用法

（1）中文句子内夹用英文单词或词组，句末以中文句号结尾。夹用的英文单词或词组可不用引号标示。

示例：我们都知道，study 和 learn 是有区别的。

示例：这个语境里建议不要使用 at large。

（2）中文句子内夹用英文句子，夹用的英文句子用中文引号标示，中文句子以中文句号结尾。

示例："I want the job.（我要这份工作。）"并不完全等同于"I need the job.（我需要这份工作。）"。

示例：那句话的意思相当于"I will come again."。

示例：实际上他想问的是"Will she come again?"。

示例：一句"Get out of here!"充分表达了说话人的愤怒心情。

二、问号

（一）形式

中文问号的形式为"？"，为全角字符；英文问号的形式为"?"，为半角字符。

（二）基本用法

（1）中文疑问句中夹用英文词句，句末以中文问号结尾。

示例：discount 这个词用在这里合适吗？

示例：对他说"Money is not everything."有什么意义？

（2）中文句子中夹用了英文疑问句，为确保其意义及疑问语气的正确表达，保留英文问号，且将所夹用的英文疑问句整体用中文引号标示，以明确该英文问号的辖域。中文句末仍以中文标点结尾。

示例："Did you use my pen?"正是他的原话。

示例："Is he exhausted?"的同义句是不是"Is he very tired?"？

（3）英文标题或引文中的问号必须保留。

示例：名剧 Who's Afraid of Virginia Woolf？的标题明显套用了儿歌 Who's afraid of the big bad wolf？

示例：他认为诗歌的第一句"How do I love thee?"颇显深情。

三、叹号

（一）形式

中文叹号的形式为“！”，为全角字符；英文叹号的形式为“!”，为半角字符。

（二）基本用法

（1）中文感叹句中夹用英文词句，句末以中文叹号结尾。

（2）中文句子中夹用了英文感叹句，如需确保其意义及感叹语气的正确表达，保留英文叹号，且将所夹用的英文感叹句整体用中文引号标示，以明确该英文叹号的辖域。中文句末仍以中文标点结尾。

示例：“What a mess!”含有不满、抱怨的意思。

示例：拜托了，不要总是说“Wonderful!”！

（3）英文标题或英文引文中的叹号必须保留。

示例：*Look at the blinking cat!*一书一上市便极为畅销。

示例：《啊，船长，我的船长！》一诗开头便是“O Captain! My Captain!”的呼唤。

四、逗号

（一）形式

中文逗号的形式为“，”，为全角字符；英文逗号的形式为“,”，为半角字符。

（二）基本用法

中文句子夹用的为完整的英文句子，则该英文句子内部需用逗号之处留用英文逗号，除此之外使用中文逗号。

示例：菜单的封面上写着“Try once, and you will never forget it.”。

示例：请注意，他没有说“It's a question.”，而是说“It's a problem.”。

五、顿号

（一）形式

中文顿号的形式为“、”。

（二）基本用法

中文句子内夹用两个或两个以上关系并列的英文字母、单词、词组或句子时，中间一般用中文顿号。其中并列的英文句子可用引号标示，以明确其起止范围，顿号可省略。

示例：英文的元音字母有 a、e、i、o 和 u。

示例：情态动词有 shall、should、will、would、can、could、may、might、must、dare、need 和 ought to 等。

示例：have to、be going to、be to、happen to 和 seem to 等结构皆有情态意义，也可认为是情态动词，有些语法家称它们为“半助动词（semi-auxiliary）”。

示例：常见的还有“He died young.”“He died a hero.”和“He died with honor.”这样的句子结构。

六、分号

（一）形式

中文分号的形式为“；”，为全角字符；英文分号的形式为“;”，为半角字符。

（二）基本用法

中文句子内夹用英文句子或语段，保留该英文句子或语段内部的英文分号。中文句子内夹用英文单词或词组，使用中文分号。

示例：推开面试室的门时，他忽然记起祖父那句话：“Try，and you still have a chance; give up， and you shall have nothing.”。

示例：这位老人的真实想法谁也猜不透：表示同意，他用 maybe；表示不同意，他还是用 maybe。

七、冒号

（一）形式

中文冒号的形式为“：”，为全角字符；英文冒号的形式为“:”，为半角字符。

（二）基本用法

（1）英文部分如作其前中文部分的示例或说明时，在中文部分

的后面使用中文冒号。

示例：他惊讶地发现，这扇陈旧的小门上写着：Foreign Affairs。

（2）中文句子内的英文词组或句子等结构内部存在英文冒号时，保留该英文冒号；其他情况需要用冒号时则使用中文冒号。

示例：今天我给宝宝念的床边故事是 Teddy Bears: The Heart of a Century。

示例：杂志的版权页上写着 Editor in Chief: Christopher Preston。

八、引号

（一）形式

中文引号的形式为双引号“　“”　”和单引号“　‘’　”，前后双引号、单引号均为全角字符；英文引号的形式为双引号“ "　" ”，和单引号“' '”，前后双引号、单引号均为半角字符。

（二）基本用法

（1）中文句子内夹用英文句子时，该英文句子用中文引号标示，句末使用中文标点。

示例：他写的话是“Beware of that young man!”。

示例：他没有问“Why are you late again?”，而是说“I'm ready to appreciate your excuse for being late again.”。

（2）中文句子内如出现中文与英文的组合结构，用中文引号标示。

示例：各种完成进行时态都由“have been＋现在分词”构成，时间、人称由 have 的形态变化来表现。

（3）中文句子内夹用了英文句子，如该英文句子内部需用引号，留用英文引号。

示例：令人不解的是下面这句：“The hostess said，' I shall no longer be here. '”。

九、括号

（一）形式

这里仅就圆括号及其用法进行描述。中文圆括号形式为“（）”，前括号和后括号为全角字符；英文圆括号的形式为“( )”，前括号和后括号为半角字符。

（二）基本用法

（1）中文句子内所夹用的英文句子或英文语段内部需要用圆括号加以注释、补充或说明时，用英文圆括号标示。

示例：他教我怎样使用自动售货机购买邮票，并在给我的纸片上写得明明白白：“Put coins or bills into the slots (the small slot for coins and the bigger one for bills) in the machine for the sort of stamps you need.”。

（2）中文句子中夹用了英文词句，需用圆括号标示的注释、补充或说明并非处于完整的英文句子或英文语段内部时，用中文圆括号标示。

示例：如果有银行的借记卡，你就可以通过 ATM（Automatic Teller Machine）存取款。

示例：The Beatles（1968）有一首歌，题为《除了我和我的猴子人人都想捂藏一点东西》（*Everybody's Got Something to Hide except Me and My Monkey*），这首歌后来音乐家只称《猴子》。

十、破折号

（一）形式

中文破折号的形式为“——”，长度相当于两个汉字的长度，又称“二字线”；英文破折号的形式有两种：短破折号与长破折号。短破折号长度相当于字母 n，用于表示数值范围、事物之间的关系等；长破折号长度相当于字母 m，用于表示语流的间断、插入和附加说明等。

（二）基本用法

（1）中英文间若因解释、引入、话题转变和声音延长等需要使用破折号时，使用中文破折号。

示例：这个符号表示暂停——pause。

示例：想想吧，那位美国导游竟然向我推荐了——Greyhound！

（2）夹用英文的中文句子内，英文单位内部使用英文破折号。

示例：“I'd love to，but you know—eh，I mean—”是他一成不变

的拒绝方式。

（3）汉英双语文本中，可用中文破折号或英文长破折号表示两句或两句以上的对话。

示例：——Frank，这就是我的寝室。

——Oh，what a mess!

示例：—Do you speak Chinese?

—Only a little，eh，一点点啦。

十一、省略号

（一）形式

中文省略号的形式为“……”，六个居中小圆点；英文省略号的形式为“...”，三个齐线小圆点。

（二）基本用法

夹用英文的中文句子里，英文内部的省略使用英文省略号；中文内部的省略号使用中文省略号。

示例：句型 so...that...和 such...that...常用来表示结果或程度，意思是“如此/这么……以致……”。

十二、连接号

（一）形式

中文连接号常用的有三种形式：一字线连接号形式“—”、半字线连接号形式“-”、浪纹线连接号形式“～”。英文连接号即连字符“-”，长度为字母 m 的 1/3。

（二）基本用法

（1）中文行文中，一字线连接号用于标示相关项目（如时间、地域等）的起止和数值范围的起止；半字线连接号用于构成中文词语的复合结构、连接相关字母和数字以构成产品型号及专门用语、构成化学品名称等；浪纹线标示数值跨度与范围。英文连接号（连字符）用于连接单词以构成复合词、在行文移行时分隔音节、构成分数和部分数字。

（2）中文句子中夹用英文单词、词组、句子或语段，其内部需

要用连接号时，用英文连接号。中英文之间及无语法关系的英文单位之间需要用连接号时，用中文连接号。

示例：Dale 所著 Audio-Visual Methods in Teaching 一书的被引用率相当高。

示例：这个语段主题的发展顺序为 corrosion-reduction-replacement。

示例：该校学生干部遴选的程序一般是“自荐/推荐（recommendation）—面试（interview）—评估（evaluation）—公示（opinion solicitation）”。

示例：关于这一论述的依据，可参见 Chapter Three P.45-P.50.

第八章　涉核科技文献中的科学技术名称

科技论文的写作中，免不了要涉及专业技术名词。论文作者在写作当中要注意使用规范名词，一些曾用名、俗称要避免使用。笔者结合《学术出版规范 科学技术名词》（CY/T 119—2015），简要介绍科学技术名词使用的重点、要点。

第一节　使用的一般要求

（1）应首选规范名词（规范名词是由国务院授权的机构审定公布、推荐使用的科学技术名词，简称规范词）。

（2）不同机构审定公布的规范名词不一致时，可选择使用。

示例：对“截面积很小、长度很长且以盘卷供货的钢材产品”的概念，国家科学技术名词审定机构审定公布的《材料科学技术名词》中称“线材”；国家标准化主管部门发布的 GB/T 3429—2002《焊接用钢盘条》等标准中称“盘条”。

（3）同一机构对同一概念的定名在不同的学科或专业领域不一致时，宜依据出版物所属学科或专业领域选择规范名词。

示例：国家科学技术名词审定机构审定公布的规范名词中，对“既有大小又有方向的量”的概念，在《计算机科学技术名词》中称“向量”；在《物理学名词》中称“矢量”。

（4）尚未审定公布的科学技术名词，宜使用单义性强、切近科学内涵或行业惯用的名词。

（5）同一出版物使用的科学技术名词应一致。

第二节　使用的特殊要求

（1）基于科学史或其他研究的需要，可使用曾称（曾称是曾经使用、现已淘汰的科学技术名词）或俗称（俗称是通俗而非正式的科学技术名词）。

示例：研究化学史，使用“舍密”；研究物理史，使用“格致”。

（2）规范名词含有符号“[ ]”的，“[ ]”内的内容可省略。

示例：《物理学名词》中有“偏［振］光镜”，“偏振光镜”和“偏光镜”均可使用。

（3）应控制使用字母词（字母词是全部由字母组成或由字母与汉字、符号和数字等组合而成的科学技术名词）。

（4）未经国家有关机构审定公布的字母词在文中首次出现时，应以括注方式注明中文译名。

第三节　异名使用的要求

异名是与规范名词指称同一概念的其他科学技术名词。包括全称、简称、又称、俗称和曾称等。

一、全称和简称可使用

示例：规范名词“艾滋病”，全称“获得性免疫缺陷综合征”；规范名词“原子核物理学”，简称“核物理”。

二、又称应减少使用

示例：规范名词“北京猿人”，又称“北京人”，曾称“中国猿人”。

三、俗称和曾称不宜使用

示例：规范名词“施工步道”，俗称“猫道”。

第九章　涉核科技文献中的引文

结合《学术出版规范 引文》（CY/T 122—2015），列举论文写作中关于引文方面的重点、要点。

第一节　术语与定义

（1）引文：引用的相关文献的词语、句子和段落。

（2）行中引：插入行文中的引文形式。

（3）提行引、引文段：单独成段的引文形式。

第二节　引文的基本要求

引文的基本要求包括：

（1）应引用与行文相关的词语、句子或段落；

（2）引用应完整、准确；

（3）引文应有出处；

（4）引文应与行文贯通。

第三节　引文形式

一、行中引

行中引包括以下几种形式：

（1）引文为关键词。

示例：孙中山很多决策实际上也是“调和现状”而非“彻底解决”。

（2）引文为原文，且篇幅较小。

示例：古人云：“多行不义必自毙。”

（3）引用原意。

示例：德国学者 N.克罗斯研究了瑞士巴塞尔市附近侏罗山中老第三纪断裂对第三系褶皱的控制；之后，他又描述了西里西亚第三条大型的近南北向构造带，并提出地槽是在不均一的块体的基底上发展的思想。

二、提行引

提行引包括以下几种形式：

（1）引文篇幅较长或需强调。

示例：正是针对类似的情况，阿罗告诫我们：

我以为正是这样一种思维方式导致了历史上的巨大灾难。这种对过去目标的信奉使得我们恰恰在后来的经历表明这一信奉应该改变的时候，反而强化了最初的承诺。

（2）引文用于比较。

示例：知颍州的吕公在《答手诏》的奏疏中说：

臣问晏子曰："天之有彗，以除秽也。"考之传记，皆为除旧布新气象。……

今民不安业，畎亩愁叹，上干和气，……又况加之以天地变异乎！

王安石在回答这道手诏的奏章中，仍然坚持其"天变不足畏"的观点，说道：

臣等伏观晋武帝五年，彗实出轸；十年，轸又出孛。而其在位二十八年，与《乙巳占》所期不合，盖天道远，人道迩，先王虽有官占，而所信者人事而已。

（3）引文为信件、书目纲要和清单等。

示例：1917 年 4 月 9 日，胡适十分激动地给陈写信说：

今晨得《新青年》第六号，奉读大著《文学革命论》，快慰无似！足下所主张之三大主义，适均赞同。适前著《文学改良刍议》之私意，不过欲引起中国人士之讨论，征集其意见，以收切磋研究之益耳。今果不虚所愿，幸何如之？

三、引用诗歌时，可用提行引，亦可用行中引，格式如下。

示例 1：在描写征战边疆苦楚的诗作中，李白的《关山月》是代表作，诗曰：

明月出天山，苍茫云海间。
长风几万里，吹度玉门关。
汉下白登道，胡窥青海湾。
由来征战地，不见有人还。
戍客望边色，思归多苦颜。
高楼当此夜，叹息未应闲。

示例 2：如徐志摩的《赠日本女郎》：“最是那一低头的温柔/象一朵水莲花不胜凉风的娇羞/道一声珍重，道一声珍重/那一声珍重里有蜜甜的忧愁/——沙扬娜拉！”

第四节　引文的标记

（1）引用关键词、原文时，引文加引号。引号应符合 GB/T 15834 的相关规定。

（2）引用原意时，不加引号。

（3）提行引时，引文不加引号，字体字号宜与正文有所区别；宜与正文行文上下空一行；引文段整体左侧缩进两格。

（4）引文一部分采用行中引，一部分采用提行引时，适用各自的规则。

示例：“随着这几年沙尘暴的肆虐，内蒙古锡林郭勒盟的生态环境为全国关注。”刘代表说：

第一步我们使全国 40%的草场得到治理；第二步，再治理 40%草场，基本遏制生态恶化的趋势，初步绿起来、富起来；到 2015 年，基本实现草原生态良性循环。

第五节　引文中的省略

（1）引文省略与行文无关的字、词、句或段落，应使用省略号（……）进行标识。

（2）引文前不应使用省略号，引文后不宜使用省略号。

（3）省略几个段落时，应采用两个省略号标识，其后再引用的段落起始处有省略时，该段落之前应用省略号。

示例：“族群”则为多族群国家内部具有不同文化传统的群体，可称为“亚文化群体”。目前中文对这个词汇的使用，混淆了它们之间的重要差异。

…………

……在亚非拉各殖民地也出现了要求民族解放的“民族主义·民族自决”运动。世界各地的不同民族先后出现了“政治化”的发展趋向。

（4）引文中本身存在省略号时，引用时后加的省略号用“[　]”标识。

示例：轰炸机与搜查飞机的隆隆响声、炸弹声、枪炮声……这已是日据区，但血战还在继续着［……］很多有钱人被绑架了，拿大笔钱赎身。

第六节　引文的注释

（1）引文应有出处注，体例应统一。

（2）插入引文中的文字说明应置于方括号内。

（3）对引文整体的说明宜用脚注或尾注。

（4）应保留引文自身包含的文献征引或注释信息。

第十章　涉核科技文献中的表格

涉核科技论文的写作中，表格基本上是必要项，各家杂志对投稿论文的要求不尽相同，但对图、表的数量都是有要求的。笔者在编辑工作中，接收了很多来稿，对于文章表格的制作，每位作者都有自己的风格。但很多细节处并不规范，甚至有错误。这一节中，我将结合中华人民共和国新闻出版行业标准《学术出版规范　表格》（CY/T 170—2019），对涉核论文中常用的，易出错的地方进行列举，提请广大作者在今后的学术写作中多加注意。

第一节　表　号

表号是表格的编号。

期刊论文宜全文依序编号，方式如“表 1”“表 2”。

图书宜分章依序编号，方式如“表 1-1”或“表 1.1”，前一数字为章号，后一数字为本章内表格的顺序号，中间用间隔符“-”（短横线）或“.”（下圆点）连接。

第二节　表　头

表头是对表格各行和各列单元格内容进行概括和提示的栏目。

表头中不应使用斜线。错误的表头形式见示例 1，正确的表头形式见示例 2。

示例 1：错误的表头形式

类型/尺寸	A	B	C

示例 2：正确的表头形式

尺寸	类型		
	A	B	C

表头中量和单位的标注形式应为“量的名称或符号/单位符号”。很多作者对待量与单位方面常常有困惑，常常写的不规范，很多作者不用“/”，经常用圆括号将单位括起来，这是不标准的。

根据 CY/T 170—2019，可以很明确地告知各位读者，今后的论文写作时，请在表头使用“量的名称或符号/单位符号”的形式。

示例 1：标注形式“量的名称/单位符号”

类型	线密度/（$kg \cdot m^{-1}$）	内圆直径/mm	外圆直径/mm

示例 2：标注形式“量的符号/单位符号”

类型	ρ/（$kg \cdot m^{-1}$）	d/mm	D/mm

表格中涉及的单位全部相同时，宜在表的右上方统一标注。

示例：单位统一标注形式

单位：mm

类型	长度	内圆直径	外圆直径

第三节　表　身

表头之外的单元格总体称为表身。

表身中单元格内可使用空白或一字线“—”填充。数据“不适用”时可采用空白单元格；数据“无法获得”时可采用“—”，并在正文或表注中说明这种区别。

很多作者在制作数据型表格时，经常混淆“不适用”与“无法获得”的正确标示方法，很多作者还会误用短横线“-”。在这里提请作者规范使用标号。

第四节　表　注

表注是对表格或表格中某些内容加以注释或说明的文字。

表格内容应按在表中出现的先后顺序，在被注文字或数字的右上角标注注码（宜采用圈码），在表下排注码和注释文字。

表格有两种或两种以上注释时，宜按出处注、全表注、内容注的顺序排列。

在论文写作中，大多数情况下的表注都是内容注，即对表格内容中某些文字或数字进行注释。这里提请作者不要忘记，在被注文字或数字的右上角要标注注码。

第五节　内容要求

（1）表格内容与正文配合应相得益彰，内容适合用表格表达。

（2）表格应具有自明性和简明性，栏目设置应科学、规范。

（3）表格中的数据应具有完整性和准确性。

（4）表格中的连续数的分组应科学，不得重叠和遗漏。

（5）表格中的数值修约和极限数值的书写应符合 GB/T 8170 的规定。

（6）表格中的量和单位的名称、符号及书写应符合 GB 3100 和 GB/T 3101 的规定。

（7）表格中数字形式的使用应符合 GB/T 15835 规定。

（8）表格中的科学技术名词应符合 CY/T 119 的规定。

（9）表格中的术语、数值和符号等应与正文及同一文本中其他表格中的表述一致。

（10）全书或全刊的表格的表号、表题、表头、表身、表注的格式应统一。

第十一章　涉核科技文献中的插图

与表格类似，绝大多数论文的写作中都会有插图。下文从中华人民共和国新闻出版行业标准《学术出版规范 插图》(CY/T 171—2019)中，摘录了两条对插图的内容要求，供读者参考。

（1）坐标曲线图的坐标轴、标值线的画法应规范，标目、标值、坐标原点应标注完整、规范、统一。如果坐标轴表达的是定性的变量，即未给出标值线和标值，坐标原点应用字母“O”标注，在坐标轴的末端应按照增量方向画出箭头，标目可排在坐标轴末端的外侧。如果坐标轴上已给出标值线和标值，坐标原点应用阿拉伯数字“0”或实际数值标注，不宜画出表示增量方向的箭头，标目应与被标注的坐标轴平行，居中排印在坐标轴和标值的外侧，标注形式应用“量的符号或名称/单位符号”。

（2）引用他人的插图应获得著作权人的书面许可并注明来源。

第十二章　涉核科技文献中的关键词

科技论文离不开关键词。下文结合中华人民共和国新闻出版行业标准《学术出版规范 关键词编写规则》（CY/T 173—2019），为涉核科技论文作者在关键词编写方面提供指导。

第一节　术语和定义

（1）关键词：表达学术论文主题内容的词或词组。

（2）主题：学术论文研究的主体内容或中心思想。

（3）主题因素：构成学术论文主题的主体因素、方面因素、限定因素、时间因素和空间因素等。

（4）核心主题因素：表达学术论文主题的关键性因素。

（5）主题分析：通过对学术论文主题类型和结构的分析，确定需要标引的主题因素的过程。

第二节　基本要求

（1）关键词编写一般包括论文审读、主题分析、选词和编排。

（2）关键词应准确并充分揭示论文主题内容，重要的可检索内容不应遗漏。

（3）根据学术论文要就的深度和广度，宜选择 3～8 个关键词。

（4）学术论文应编写英文关键词。

第三节　论文审读

（1）重点审读题名、摘要、段落标题和结论等，必要时浏览重点章节和全文。

（2）不应仅依据题名进行主题分析。

第四节　主题分析

一、核心主题因素

核心主题因素应作为必要因素标引。

示例 1：《交易成本视角下的农民工劳动关系解析》

关键词：农民工；劳动关系；交易成本；劳动交易；交易契约；治理结构

示例 2：《酸碱驱动的分子机器研究与应用》

关键词：分子机器；酸碱驱动；准轮烷；轮烷；索烃

示例 3：《鲁迅自我的找寻——〈秋夜〉的再解读》

关键词：鲁迅；《秋夜》；身份认同

注：上述三个示例中，带下划线的词表示需要标引的核心主题因素。

二、非核心主题因素

（1）对核心主题因素起限定修饰作用的概念应标引。

示例：《老年高血压患者生活质量分析》

关键词：高血压；老年人；生活质量

（2）核心主题因素的具体研究内容应标引。

示例：《有机波谱分析在有机分析及超分子化学分析中的应用》

主要内容：有机波谱分析是现代有机分析和超分子化学分析的主流和核心，其优点是准确、快速、样品用量少。本文介绍了：① 红外光谱分析在超分子化学研究中的应用；② 荧光波谱分析在超分子化学研究中的应用；③ 色谱分析在超分子化学研究中的应用。文章还对有机波谱分析在有机化学和超分子化学中的应用进行了展望。

关键词：有机波谱分析；超分子化学分析；红外光谱分析；荧光波谱分析；色谱分析

（3）与核心主题因素紧密相关的研究目的、出发点、结论和潜在用途等内容应标引。

示例：《水体藻类磷代谢及藻体磷矿化研究进展》

主要内容：富营养化已成为我国大多数淡水水体面临的严重环境问题，水华形成是水生态系统对水体富营养化的响应。关于氮和磷导致湖泊富营养化和蓝藻水华暴发问题，一直是湖泊富营养化的研究热点。本文综述了藻类对磷的吸收代谢及藻类残体磷矿化释放方面的研究进展，重点阐述了藻类对磷的吸收、对磷限制响应的生理机制、藻体碱性磷酸酶、磷吸收能力对藻类竞争的影响等和藻体磷的矿化释放规律及影响因素，以期为进一步探讨水华藻类之间的磷竞争机制和湖泊富营养化治理提供科学依据。

关键词：水华蓝藻；磷代谢；磷矿化；淡水污染；富营养化

（4）研究过程中所应用的新方法及改进的常规方法应标引。

示例：《附子中胺醇型二萜生物碱的鉴定及其强心活性研究》

主要内容：为确定附子中的强心有效成分，本文建立了分离检测附子中胺醇型二萜生物碱的 UPLC-ESI-MS 法，测定了七批附子样品，并对其中的成分进行了强心活性研究。

关键词：附子；胺醇型二萜生物碱；UPLC-ESI-MS；强心作用

（5）对核心主题因素起限定作用的时间和空间因素应标引。

示例 1：《芦山“4·20”震后地质灾害危险性评价》

主要内容：芦山“4·20”地震之后，滑坡、崩塌、泥石流等次生地质灾害频发，新增地质灾害点 365 处，严重影响当地经济建设与灾后重建工作。在分析地质灾害孕灾环境条件的基础上，选取地层岩性、断裂带、坡度、相对高程、年平均降雨量、地震动峰值加速度、土地利用类型等 7 个因子作为评价指标，建立基于灾害熵的地质灾害危险性评价方法，并将该方法应用于芦山县地质灾害危险性评价。

关键词：地质灾害；危险性评价；灾害熵；GIS；芦山

示例 2：《明代图书出版体系探析》

主要内容：明代作为我国历史上文化高度发达的时代，其重要标志之一即图书出版业呈现出相当繁荣的图景。文章从图书出版主体、图书发行渠道、用于出版的图书类型、图书价格、图书发行宣传、图书出版管理等诸方面，论述了明代的图书出版体系，力图为今天的图书出版业提供一些可借鉴的思路。

关键词：图书出版体系；出版史；明代

示例 3：《采煤诱发地质灾害发育特征与成因机制》

主要内容：以四川省峨眉山市为例，在野外调查的基础上，分析了采煤诱发地质灾害的类型、发育特征及分布规律，对采煤诱发地质灾害的成因机制进行了详细描述。根据采煤诱发的地质灾害，提出了防治工作的整体观与动态观。

关键词：煤矿；地质灾害；灾害类型；发育特征；灾害分布；成因机制；灾害防治

注：四川省、峨眉山市和研究主题没有必然的联系，不宜标引。

（6）可与核心主题因素组配且能准确地表达主题内容的通用概念应标引。

示例：《我国住宅小区物业管理中存在问题及发展趋势》

关键词：物业管理；住宅小区；问题；发展趋势

注：上述示例中带下划线的词表示非核心主题因素。

第五节　选　词

（1）应选择明确表达主题概念的词或词组。

示例：《无机盐对饲料酶活性影响的研究》

关键词：无机盐；纤维素酶；木聚糖酶；酶活性

注："活性"宜用"酶活性"表达。

（2）应选择学科领域内公认的规范术语，涉及科学技术名词的应符合 CY/T 119 的有关规定。例如"脚踏车"应选用"自行车"；"电脑"应选用"计算机"。

（3）作品名称作为关键词时应加书名号。

例如"红楼梦"，应为《红楼梦》。

（4）特定含义的词作为关键词时应加双引号。

示例：《"一带一路"与中国经济发展》

关键词："一带一路"；经济发展；产业结构升级；全球价值链

第六节　编　排

一、排序

关键词应按照反映主题的重要性排序。表达核心主题因素的关键词排在前面，表达非核心主题因素的关键词排在后面。

示例：《供需均衡视角下的失地农民社会养老保险制度研究》

关键词：失地农民；社会养老保险制度；供需均衡；筹资模式；给付模式

注："失地农民；社会养老保险制度；供需均衡"是论文的核心主题因素，应排在前面。

二、编排格式

（1）关键词宜置于摘要之后。

（2）在关键词之前宜加"关键词"字样，并在其后加冒号。

（3）关键词之间宜用分号隔开，最后一个关键词后面不加标点符号。

示例：《1998 年伊斯坦布尔 ^{60}Co 源辐射事故概况与分析》

摘要：本文从土耳其辐射防护监管基础设施、含源供应商（SES 公司）、放射源信息、辐射事故过程、辐射应急、医疗救治、剂量估算等方面对伊斯坦布尔 ^{60}Co 源辐射事故进行了说明和分析。事故表明，未经土耳其原子能机构（TAEK）许可，SES 公司将高活度废旧 ^{60}Co 源长期储存于伊斯坦布尔仓库，未定期开展放射源台帐检查；未经 SES 公司授权将换源容器作废品销售，安全管理薄弱是事故发生的主要原因。TAEK 应急的快速响应、IAEA 国际援助团的应急与医疗建议、IAEA 会员国的密切合作、电离辐射损伤医疗技术等为辐射事故应急和受照人员的医疗救助提供了有力保障。本案例可为辐射事故应急提供借鉴和参考。

关键词：^{60}Co；放射源；换源容器；辐射事故；IAEA；剂量